菜單規劃與設計
訂價策略與說菜技巧

Menu Planning and Design: Pricing Strategies and Story-Narration of Dishes

張玉欣、楊惠曼◎編著

序　言

　　「菜單」在餐廳的經營上一直扮演著重要的角色。然而科技的進步，造就現在的網路世界。菜單從傳統的紙本式到平板、數位菜單，不僅改變餐廳的經營模式，菜單在不同平台的設計，更是被賦予不同的任務。在踏入餐飲業之前，對於菜單的認識與如何因應潮流瞭解菜單在餐廳經營上所扮演的角色，是餐飲系學生必須多所琢磨的一塊，也讓這本教科書應運而生。

　　筆者在規劃此教科書內容時，將學習概念分成以下數點：(1)從歷史發展看菜單的變化；(2)將菜單進行分類，並融入新世代的餐食設計；(3)透過說菜服務介紹菜單與菜餚的文化內涵；(4)認識菜單的價格策略在餐廳行銷上所扮演的角色；(5)瞭解菜單在餐飲網路世代的重要性與未來趨勢。

　　此書共分十個章節，首先是第一章的緒論，引導讀者認識菜單的歷史發展與定義；第二章則介紹菜單的基本元素與規劃，並將菜單進行分類，包括現今流行的「品嚐菜單」與「無菜單料理」；接下來第三、四、五、六章則詳述各類菜單的功能與規劃，希望透過此四章的介紹，提供讀者認識不同菜單的各項功能；第七章則介紹數位與網路菜單，並針對現今的外帶與外送市場進行分析；第八章則詳述菜單訂價策略，提供經營者最重要的成本分析；第九章則是說菜服務，介紹如何將其食物文化與內涵傳遞給消費者；最後一章則是分析菜單設計的未來趨勢。希望讀者在閱讀之後能夠對於菜單的完整面貌能有所認識。

　　此書共歷經近三年的籌劃與撰寫，並邀請到首創「說菜」服務與文化的故宮晶華總監的楊惠曼女士共襄盛舉，感謝她在百忙之中仍付出時間

與心力協助進行撰寫包括菜單的解說服務與說菜服務等內容。最後,要
感謝採用此教科書的授課老師們,未來若在使用此書時有任何意見與交
流,敬請不吝賜教。

張玉欣 謹識

目　錄

菜單規劃與設計

Chapter 1

緒論

🎩 第一節　菜單的源起與定義

一、紀錄中最早的菜單

根據Betty Wason在1962年出版的 *"Cooks, Gluttons & Gourmets: A History of Cookery"* 一書，西元前的蘇美人（Sumerians）曾經留下世界上第一份的晚餐菜單。

當時蘇美人的國王被認為是活生生的神，作者Betty Wason假設這些供奉給神享用的菜單內容，實際上是安排給國王所享用。根據這份廚房留下來的紀錄資料可以看見菜單的雛形，因此也被認為是世界上記錄最早的一份菜單，其菜單內容如下：

1.橄欖油或芝麻油：作為點綴奉獻給神的前菜。

2.雞、鴨或鴿子等：作為提供神的主要貢品。

3.綿羊、山羊和牛肉：作為烹調的食材。

4.魚：同樣作為烹調的食材。

二、菜單的定義

菜單的英文為"menu"。《劍橋字典》（*Cambridge Dictionary*）對於menu的解釋，指的是「客人可以在餐廳用餐的食物明細」；而《牛津字典》（*Oxford Dictionary*）則定義為：

1.餐廳提供餐食的明細。

2.能夠服務客人的餐廳食物之明細。

但menu此字源自於法文的menu，指的是備忘錄；menu的拉丁文則為minutus，指的是非常小（very small）的意思。早在十六世紀，法國

皇家廚師為了學習並記住義大利菜餚的烹調法，而有了備忘錄的紀錄（menu），也就是說，菜單最初的設計並非為了提供客人菜餚內容的明細而製作，而是廚師為了提醒自己而作成的紀錄。到了十九世紀中葉，menu才被餐廳使用並作為餐廳食物的「詳細內容」（detailed list），此即為現今所稱的餐廳菜單。

第二節 菜單的發展歷史

一、餐廳與菜單的起源地——歐洲

有餐廳的出現，才會有商業用的菜單。「餐廳」（restaurant）一詞出現在十六世紀，原本意指食物能夠「恢復」體力，烹調用的食材，源自法文的restaurer，也是指「恢復」之意。後來特別指的是濃郁、好喝的熱湯，同樣意指可以讓疲累的身體恢復精神。

西元1765年，在巴黎宣稱販售恢復元氣的清湯（restoratives broths）給上帝的布朗爵餐廳（Boulanger），號稱法國第一家餐廳（Larousse Gastronomiqe, 1999）。之後，巴黎具有歷史代表性的餐廳還包括：

1.1766年的馬圖林（Mathurin Roze de Chantoiseau）餐廳，是由一位地主的兒子Roze，在1760年初期搬到巴黎後所開設的餐廳。
2.由Beauvilliers在1782年創立的Grande Taverne de Londres餐廳，被認為是第一家在巴黎餐飲界最值得留名的餐廳。該餐廳的菜單已能列出菜餚的特別之處，並在固定的時間內為客人提供桌邊服務（Larousse Gastronomique, 1999）。

法國大革命（1789-1799年）啟動了法國的現代餐飲業。它放寬了自中世紀以來一直被國王控制的食品使用之合法權利，強調任何能付出代價

的人都能得到同樣的膳食之平等主義概念。

十八世紀末，出現了飯店和酒館，成為一般平民可以出去吃飯的地方，於是有創業精神的法國廚師逐漸開始在這餐飲市場一展長才。而餐廳提供的「菜單」，則成為提供單獨便餐、定價和點菜的一份資料，菜單也開始成為餐廳向大眾介紹產品的「點菜工具」。

"*Food: A Culinary History*"一書中提到：「……法國是我們現在稱之為餐廳的發源地，時間約在十八世紀末。除了旅館，主要是為旅客和路邊廚房……當時在歐洲，哪裏能在外面買到食物呢？基本上來說，附近的旅店或食品雜貨店有提供簡單、便宜的菜餚，也有葡萄酒、啤酒和烈酒等可以購買，這是主要的營業內容。」

不僅在法國有酒館與餐廳，德國、奧地利和阿爾薩斯等也有類似的餐酒館提供熟食、泡菜和乳酪。例如，在西班牙的酒吧（Bodegas）有提供餐前點心（tapas），希臘小酒館則有提供橄欖油與熟食。

圖1-1　Zimmerman收藏祖父於十七世紀中以後在歐洲的皇室手寫菜單

資料來源：拍攝自William Angliss餐飲學校之Zimmerman Book Collection

圖1-2　Zimmerman祖父的收藏之一──1869年歐洲皇室手寫菜單

資料來源：拍攝自William Angliss餐飲學校之Zimmerman Book Collection

二、美國的餐廳與菜單歷史

　　美國在十七、十八世紀開始出現小酒館和寄宿房屋，這些場所成為人們旅行用餐的場所。當時被英國殖民的美國人顯少有機會走出家門、從事旅行活動。而且當時能提供的食物和場所，就如同在歐洲，是非常簡單而不值得推薦。

　　美國的餐廳與菜單之發展歷史，一直到廿世紀在不同地區、有計劃、系統性地進行一連串菜單蒐集與整理之後，才真正對美國的餐廳或是菜單歷史有更明確的認識與瞭解。以下介紹美國幾項大型的菜單收集計畫，並透過該計畫對菜單的研究進而認識該地區的餐飲發展歷史。

(一)拉斯維加斯之UNLV計畫

　　拉斯維加斯自1970年即開始著手進行UNLV（University of Nevada, Las Vegas）的菜單收集計畫，主要內容是指來自Bohn-Bettoni的收藏，主要包括在1870-1930年間，蒐集到計二千家餐廳的菜單。

　　1955年出版的“*Las Vegas, Playtown, U.S.A*”一書中，有一段敘述：「這裡還有核桃木的房間、中式的房間、花園、三葉草、沙漠的畫作、陽臺、人造林，以及豐富開胃的食物，菜單的尺寸大小跟馬戲團海報差不多，還列出了熱量這類資訊。」

　　UNLV的菜單收集計畫提供了更明確的美國烹飪歷史，也成為城市在食物品味上不斷地變化的證據。

圖1-3　UNLV計畫中收集到M.L.和E.S.於1899年3月17日舉行的銀婚紀念菜單

資料來源: http://digital.library.unlv.edu/collections/menus/history-restaurant-menus

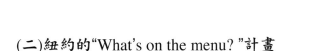

(二)紐約的"What's on the menu? "計畫

　　紐約公共圖書館（New York Public Library）自2011年開始執行 "What's on the menu? "（菜單上有什麼？）這項計畫，計畫的研究團隊蒐羅各地菜單，如今資料庫已累積四萬五千筆左右的菜單，最早可追溯到 1840年代。

　　紐約公共圖書館的菜單收藏負責人Rebecca Federman說明：「很多時候，一家餐廳不再經營之後，僅存的物件就是一份菜單，至少在紐約是如此，……餐廳的汰換率很高，除非保留菜單，否則真的是船過水無痕。」Federman負責管理紐約公共圖書館中大約四萬五千份菜單，這是全世界最大的一套收藏。研究者會到這裏來查詢各種資料，從古代的食物價格到特定年代的特定食物之菜單都包含在內。

　　以下是在美國中央圖書館（Central Library）的善本資料資料庫中，查詢到一些早期的美國餐廳之菜單，目前收藏最早的是1866年的美國紐約餐廳的菜單，如**圖1-4**所示。

圖1-4　1866年在美國紐約餐廳的菜單，是目前圖書館資料庫看到最早的菜單

資料來源：http://dbase1.lapl.org/dbtw-wpd/exec/dbtwpub.dll

圖1-5　1906年在洛杉磯FREMONT HOTEL的晚餐菜單

資料來源：http://dbase1.lapl.org/dbtw-wpd/exec/dbtwpub.dll

美國國家海洋與大氣總署太平洋島嶼漁業科學中心的研究員Kyle Van Houtan和同事即利用上述計畫所蒐集到的菜單，以廿世紀早期和中期出現在菜單上的魚為基礎，追蹤夏威夷群島一帶魚類族群的變化。他們的研究最近發表在《生態前線》與《環境》期刊，發現菜單上的菜色跟當地漁撈資料之間確實存在著某種關係，菜單上的資訊填補了當地商業捕魚數據資料四十年的空白。

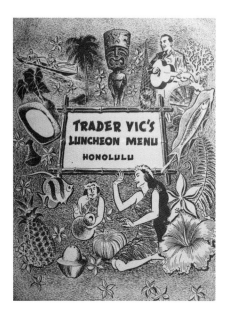

圖1-6　夏威夷檀香山Trader Vic餐廳於1958年設計的菜單，透露關於當地野生魚類族群的資料

資料來源：Melody Kramer(2013)，〈古老菜單的秘密〉，《國家地理雜誌》，https://www.natgeomedia.com/news/ngnews/999

　　研究員Houtan提到蒐集的菜單所反映出來的資訊：「這些菜單反映的不只是消費者的喜好而已，它們也能告訴我們海洋裏發生的事。」Houtan的這項研究發現，某些岩礁魚類，如石斑魚、烏魚和比目魚，在1940年之前數量很多，二次大戰之後就變得比較稀少。在此同時，隨著當地漁獲減少、捕魚科技改善，較大的近海魚類和養殖魚類愈來愈受歡迎。扁頭烏魚在夏威夷曾經是流行菜色，二次大戰後則漸漸不受歡迎。這些研究員通力合作，找回了1928至1974年間超過一百五十家夏威夷餐廳的將近四百份菜單。

　　飲食歷史學家Laura Shapiro針對美國的菜單蒐集計畫提到：「此項（菜單收集）計畫將開啟餐飲新頁，有助於大家考究食材、菜色、外食的經濟與社會學。」並接著說：「對任何研究人類烹調與飲食的人來說，餐廳菜單可說是絕佳的學習素材。但很顯然地，關於菜單的歷史記載不夠深厚。」

　　以上所述美國這些菜單收集計畫中，明顯看到菜單能夠提供豐富的資訊，並超越其單純的審美價值，是一項豐富的飲食文化資源。在文化和社會歷史方面，菜單提供了一個時間和地區最流行的菜餚資訊，包括該地區後來可能改變烹飪口味的證據。菜單也提供了一區域內推廣特定餐飲活動的專案內容，如提供當時一些知名廚師曾在某著名餐廳工作的證據。

三、中國與台灣的餐廳與菜單發展

(一)中國的菜單發展歷史

　　記載於《周禮·天宮》「珍用八物」，即「周代八珍」，可能是中國現存最早的一張完整的宴會菜單。周代八珍指是八種菜餚的總稱，分別是淳熬（肉醬油澆飯）、淳母（肉醬油澆黃米飯）、炮豚（煨烤炸燉乳豬）、炮牂（煨烤炸燉羔羊）、肝膋（網油烤狗肝）、熬珍（類似五香牛

肉乾)、漬珍（酒糖牛羊肉）、搗珍（燒牛、羊、鹿里脊）。另一說則指「珍用八物」為：牛、羊、麋、鹿、馬、豕（豬）、狗、狼。

「維基百科」資料則指出中國的菜單約在宋朝期間出現。在中國宋朝（960-1279年）初期，商人與中產階級在城市開店的業主，由於常常在家吃飯的時間不多，所以他們便大膽地在各式各樣場所，如廟宇、客棧、茶館、熟食檔，以及在附近的妓院、歌屋、戲班場，從事飲食生意的酒家吃飯；由於旅居中土的外國人以及那些自全國各地聚居城市的中國人，對於食物的喜愛不盡相同，促使從事餐飲業的商人想盡辦法滿足客人種種不同的口味要求，從而促成菜單的出現。

在2019年9月，中國大陸方面公布在《清明上河圖》上發現可能是世界現存的最早菜單。其新聞內容如專欄，供讀者參考。

專欄

清明上河圖　赫見外賣小哥

　　兩岸民眾都不陌生的《清明上河圖》，原來是幅北宋汴京（今河南開封）的「美食地圖」！入畫的一百餘棟房屋，餐飲業店鋪近半，由「高大上」的豪華大酒樓，到河邊的大排檔、街頭的路邊攤一應俱全。當時不但已有速食服務、外賣小哥；頗有可能為「世界上最早的菜單」，也出現於畫面中。

　　《華西都市報》報導，引用專家學者的詮釋：《清明上河圖》畫出汴河岸邊、碼頭及街頭，不包括酒店與茶坊在內的一些食店，建築、設備均較為簡陋；低矮的瓦房，擺上幾張簡單的方桌、長條板凳，類似於現今的「大排檔」，主要滿足腳夫、船夫、縴夫、車夫、小商販、遊民等的口腹之需。

食店裝飾彩旗　菜色多樣

宋人吳自牧《夢粱錄・麵食店》描繪當時食店：「又有專賣家常飯食，如攛肉羹、蹄子清羹、魚辣羹、雞羹、耍魚辣羹、豬大骨清羹、雜合羹、兼賣蝴蝶麵、煎肉、大熬蝦等蝴蝶麵，及有煎肉、煎肝、凍魚、凍鲞、凍肉、煎鴨子、煎鱔魚、醋鲞等下飯。更有專賣血臟麵、齏肉菜麵、筍淘麵、素骨頭麵、麩筍素羹飯。又有賣菜羹飯店，兼賣煎豆腐、煎魚、煎鲞、燒菜、煎茄子……」

當時的大排檔不僅菜色繁多、經濟實惠，基本上都臨街或臨河而設，為便於採光、向顧客開放，牆體通常被打通，只用柱子承重；並搭建揭簾，用上遮陽傘，讓店面得以外擴。部分食店的大門口裝飾彩旗、市招，也有些以內部裝修取勝，布置相當雅緻：「汴京熟食店張掛名畫，所以勾引觀者，留連食客」。

茶肆秀出世界最早菜單

《清明上河圖》的茶肆牆上寫著菜單，後世研究者認為，可能是世界上最早的菜單。此外，把《清明上河圖》放大三十倍後，赫然發現，畫中「十千腳店」茶館旁的一位夥計，左手兩個食盒、右手食具，身穿圍裙、剛走出店，應是「外賣小哥」。

這也印證，當時已有「逐時施行索喚」、「咄嗟可辦」的速食、叫餐服務——「處處擁門，各有茶坊酒店，勾肆飲食。市井經紀之家，往往只於市店旋買飲食，不置家蔬。」意即宋代都市白領、小商人通常不在家煮飯，而是上館子或叫外賣。

流動性的「盤賣飲食」也出現在《清明上河圖》：幾個盤賣食品的小商販，頭上或肩上頂著裝食物的盤子或盒子，用單手扶著，另外手拿一個可開合的支架；撐開安放街邊，再將食盤或食盒放在支架上，便成為一個小小的街邊攤點。

圖1-7　《清明上河圖》茶肆牆上的菜單，可能是世界上最早菜單

資料來源：微博@《人民日報》海外版-海外網

高檔正店　使用名貴銀器

　　路邊攤「盤賣飲食」與大排檔「食店」之外，汴京當然也少不了「高大上」的各類豪華大酒樓、大飯店，可以高檔的東京七十二家正店為代表，《清明上河圖》入畫的孫羊店，即為一家豪華氣派的正店。《夢粱錄·麵食店》記載，「其門首，以枋木及花樣逕結縛如山棚，上掛半邊豬羊，一帶近裡門面窗牖，皆朱綠五彩裝飾，謂之歡門」。

　　專家學者進一步解讀，這些正店的共同特色，包括環境優雅：「每店各有廳院，東西廊廡，稱呼坐次」；其次為服務周到：「客坐，則一人執箸紙，遍問坐客。都人侈縱，百端呼索，或熱或冷，或溫或整，或絕冷、精澆、膘澆之類，人人索喚不同」；再者均使用名貴的銀器，「每樓各分小閣十餘，酒器悉用銀，以競華侈」

資料來源：賴廷恆（2019），〈清明上河圖 赫見外賣小哥〉《旺報》，2019.9.22。

(二)台灣的菜單發展歷史

台灣的菜單發展史應從餐廳的發展史談起。根據在日治時期發行的報紙——《台灣日日新報》，在日治初期，台灣的料理店都還寥寥可數，台北約有五、六家左右，新竹、基隆、淡水則有數家（權藤震二，1896）。

從《台灣日日新報》第一年（1898年）發行起，即開始有餐廳的廣告出現，但在當時應指較有規模的餐廳，能夠負擔刊登廣告的費用，如花月、清涼館等近十家的日本料理餐廳及少數的西洋料理餐廳。日本料理多以會席料理為主，主要客源也以日本人為主，地點集中在艋舺、北門、西門、大稻埕等舊台北的繁榮之地。但這些餐廳的菜單似乎都不復存。

1915年武內貞義之著作《臺灣》曾詳細介紹台灣料理餐廳的宴席菜，像是八寶蟳羹、大五柳居（即五柳枝）、燒雞管（燒雞卷）等。但目前看到尚存的日治時期的餐廳菜單，僅存「蓬萊閣」餐廳的菜單，此份菜

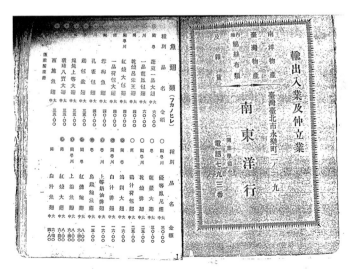

圖1-8　蓬萊閣餐廳菜單之首頁內容

資料來源：中華飲食文化圖書館

單出現在1930年，最早是由台菜老師傅黃德興所保存，後來捐贈給「中華飲食文化圖書館」，菜單內容包含閩、川、粵等菜系的菜色，厚厚一整本，是相當具代表性的台灣早期之餐廳菜單。

中華飲食文化圖書館是目前台灣收藏各式菜單最完整的私人專門圖書館，並建置「菜單資料庫」開放給大眾瀏覽，其中較為特殊的部分是台灣的國宴菜單收藏。該菜單資料庫中有收藏蔣中正先生時期的十三份國宴菜單，例如1966年在圓山大飯店（建於1952年，當時是作為招待國家重要賓客之場所）舉行的就職國宴，由於當時的政治時代背景，這份就職晚宴的菜單是以中國大陸的國土版圖為基礎，加上中國大陸菜系所設計，菜色內容包括來自北京、四川、廣東和上海菜系的菜餚，如**圖1-9**所示。唯一與「台灣」有關的食物是茶葉和水果。此就職國宴菜單充分表達了蔣介石先生的飲食偏好，並將中國料理定位為當時台灣烹飪系統的中心，反映了中國大陸與台灣當時的政治地位差異。

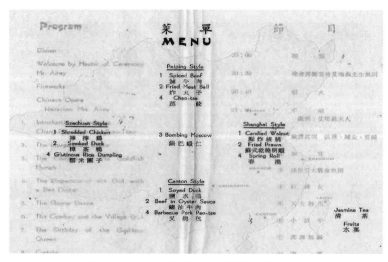

圖1-9　1966年蔣中正就職國宴菜單

資料來源：中華飲食文化圖書館

在日治時期發跡，目前尚存的西餐廳有建於1934年、位於台北市民生西路的波麗露餐廳，**圖1-10**為波麗露餐廳當時的菜單輪廓；而最早的台菜餐廳則是在台灣光復後、創於1964年的青葉餐廳，其現代化的菜單內容在該官網均可查詢得到。

圖1-10　波麗路餐廳的早期菜單面貌

資料來源：《故事‧臺北》，https://gushi.tw/gushitaipei0/

參考資料

中文資料

李瑞娥（2016），〈從國宴菜單探討多元文化教育〉，美和科技大學通識教育學術研討會。

張玉欣（2007），〈從《台灣日日新報》與日據時代出版品略窺台灣日據時代之餐飲現況〉，《中華飲食文化基金會會訊》，第13卷第4期。

張玉欣（2008），〈「台灣料理」一詞之探索〉，《中華飲食文化基金會會訊》，第14卷第1期。

權藤震二（1896），《臺灣實況》，日本明治二十九年排印本，成文出版社印。

英文資料

Larousse Gastronomique, completely revised and updated edition [Clarkson Potter: New York], 1999, 2001, p.978.

Las Vegas, Playtown, U.S.A. (1955), pp.115-16.

Jean-Louis Flandrin & Massimo Montanari (1999), "The Rise of the Restaurant", *Food: a Culinary History*, Columbia University Press: New York, pp.471-480.

網路資料

http://www.foodtimeline.org/food1.html#menus，2018.7.12瀏覽。

https://nommagazine.com/whats-menu-%E7%B4%90%E7%B4%84%E5%85%AC%E5%85%B1%E5%9C%96%E6%9B%B8%E9%A4%A8%E7%9A%84%E8%8F%9C%E5%96%AE%E8%92%90%E9%9B%86%E8%A8%88%E7%95%AB/，2018.7.15瀏覽。

http://digital.library.unlv.edu/collections/menus/history-restaurant-menus，2018.7.10瀏覽。

壹讀網，https://read01.com/eJELdK.html，2018.7.20瀏覽。

《故事・台北》，https://gushi.tw/gushitaipei0/，2018.7.20瀏覽。

https://zh.wikipedia.org/zh-tw/%E8%8F%9C%E5%96%AE，2018.8.30瀏覽。

https://baike.baidu.com/item/%E5%85%AB%E7%8F%8D，2018.7.20瀏覽。

http://wait.sdp.sirsidynix.net.au/custom/web/SpecialCollections/zimmermanpage/Cover.
html，2019.4.23瀏覽。

賴廷恆（2019），〈清明上河圖 赫見外賣小哥〉，《旺報》，2019.9.22。https://
www.chinatimes.com/newspapers/20190922000151-260309?chdtv，2019.12.31 瀏
覽。

Chapter

2

菜單的分類與規劃

　　「菜單」在餐廳的經營上一直扮演著重要的角色。任韶堂的著作《餐桌上的語言學家：從菜單看全球飲食文化史》中提到的內容可見一斑：「從近六千五百份菜單的研究中，發現當餐廳以較長的字句介紹餐點時，該道菜餚的價位相對較高。平均來說，每增加一個字母，便增加十八分錢。」從上述的一段話可見菜單的內容設計是否得當，會影響到餐廳的收益。因此，認識菜單的基本元素與功能，並能適當規劃菜單，是餐廳業者必須具備的能力。

　　本章將以傳統的紙本式菜單為基礎，討論菜單該具備的基本元素、其分類系統，以及菜單規劃的過程當中應該注意的基本事項。

第一節　菜單的基本元素與特徵

　　任何一份菜單或多或少都含有一些基本元素，如最基本的菜名、菜色內容說明，以及價格。更進一步，可能包含餐廳名稱、電話與地址、網站名稱，或是外（多）國語言對照等。但如果能提供更多的資訊或是設計上的特色，菜單則不僅是餐廳產品資訊提供的管道，也是餐廳行銷的有利工具。

　　一個知名設計網站——Easil，曾指出餐廳菜單在規劃上必須具備五個特徵，包括菜單的可讀性、吸引力、提供的類別、餐廳品牌、文字組織架構等。若能積極發揮以下五項特徵，便能適當發揮菜單的功能：

一、可讀性（readability）

　　菜單內容當中最重要的部分應該是它的整體可讀性。設計者應在菜單設計上使用易於解讀的字體與內容。在內容方面，使用生動、簡潔與吸引人的語言，但不要使用過多文字，否則菜單容易過於雜亂無章。

二、吸引力（allure）

　　菜單文字是提供餐廳販賣的食物一目瞭然的說明。但食物照片也能引導消費者認識菜單的內容，因此任何圖片都需要看起來很吸引人，並呈現美味的效果。為了達到上述功能，一般在照片的拍攝與選擇上，建議邀請專業攝影師從事食物的照片拍攝，照片旁可提供說明，增加圖像說明之效果。

　　此外，菜單本身的設計應該亦具吸引力，並與餐廳主題一致。選擇只有幾種主要顏色的色彩配置，不要利用太多不同的色調，因為這容易分散對設計的注意力。可添加邊框或其他圖形設計，讓菜單整本產生連接效果。

圖2-1　義大利的餐廳菜單配合餐廳裝潢特色設計

三、提供的類別（variety）

　　菜單內每一類別的選擇性之多寡，會影響到消費者是否點購的意

願,當然也進一步影響整個餐廳的經營。消費者習慣看到食物有選項來進行選擇,包括每項食物或飲料的名稱與價格,所以選項的數量應設計到足以吸引不同客人的喜愛口味。另外,若能在菜單內容可以增加一些季節性的食物,可以增加顧客的點餐率,對顧客而言,「限定季節」的食物,能吸引更多人的興趣。

圖2-2　擺在餐廳門口的今日推薦菜單,強調季節性的菜色

四、餐廳品牌(branding)

菜單提供給客人的第一印象是餐廳的品牌知名度。為強化餐廳品牌形象,菜單首頁上應包括餐廳的圖案(logo)或名稱,保持餐廳品牌的正面性和核心地位。另外,還可以使用品牌設計概念,如突出有特色的字體或色彩配置,但須配合菜單的整體設計,其目的是為了創造一個獨特的氛圍。如果菜單能夠成功傳遞餐廳的品牌形象和特色,即可顯現菜單的行銷功能。

圖2-3 馬來西亞餐廳—PappaRich的菜單
封面置放餐廳logo

圖2-4 Otto餐廳的菜單首頁將品牌名稱以
凹凸字體設計,強化品牌形象

五、文字組織架構(organization)

提供予顧客的菜單,其內容應該清晰、有條理,讓顧客一目瞭然,
如開胃菜、主菜、飲料等類別之區分。因此,明確組織菜單、並符合邏
輯,可以減少客人在閱讀菜單上產生問題。顧客在菜單花的時間越少,吃
的時間就越多,充分享受食物的時間就越多,間接強化餐廳的正面功能與
良好形象。

第二節　菜單的基本規劃

當餐廳業者開始要規劃傳統的紙本式菜單,有以下基本步驟需要遵

循，包括：草擬菜單的外型、菜單應列的產品品項與價格、給予菜餚適當的名稱、審慎挑選菜單的照片、詳細討論菜單產品的細節內容、進行第二次的菜單檢視與調整、確認校對內容等，共計七項。以下則為詳細的說明：

一、草擬基本菜單的外型

(一)選擇適當色彩搭配餐廳的風格

菜單在選擇顏色的搭配上，前提是須瞭解餐廳本身的特質。如果是一家高檔的餐廳，建議挑選深色的色系，因為其較能夠傳達一種認真、敬業的精神。若是一家休閒餐廳，則看起來溫暖、柔和的顏色將較能吸引客人。餐廳若是以年輕顧客為主要市場並具特色，或搞笑的主題餐廳，明亮的顏色通常最為適合。

(二)菜色的組合或排列具邏輯概念

菜單的易讀與否反映出客人是否能夠順利點到想要吃的食物，因此菜單在時間結構上的建立，應該考量一般人的用餐時間之習慣，包括早餐、午餐、晚餐，或者是宵夜。而在飲料結構上，基本提供的飲料應包括水、氣泡水，以及茶；而特色或搭配餐食的飲料，像是葡萄酒、雞尾酒，或是碳酸飲料等，則可能是安排在一份獨立的飲料單上。

(三)菜單能呈現具視覺效果的區塊

為了讓顧客能快速掌握菜單內容，菜單需要適時加以分類。如果每一類的品項過多，可利用區塊或獨立一頁，強調其同一類別的整體性。

菜單產品的分類可以用以下的思考概念進行。例如：

1.用餐時間：以不同的餐點時間進行分類。如果不同時間的餐點須放

在同一份菜單內，建議要分開置放，以免客人在點餐過程受到混淆。

2. 食材的分類：可依照食材的類別進行分類，如將魚、家禽、素食、義大利麵食、沙拉等進行分門別類的介紹。

3. 區域料理：按照餐點的區域特性進行分類，如多國籍料理餐廳的菜單可依義大利、法國、西班牙等國別進行分類。

4. 烹調方式：亦可按照食物的烹調法之差異進行分類，例如燒烤、熱炒、湯品、慢燉的食物等。

5. 受歡迎程度：可將主廚推薦菜或是最受客人歡迎的菜色另外在特別區塊中標示，吸引客人消費。

圖2-5　Jamie's Italian餐廳的菜單僅提供文字，透過區塊設計之分類，簡單不複雜

二、列出的食物品項和價格

　　一份菜單應該提供多少的品項才是足夠的呢？英國伯恩第斯大學（Bournemouth University）的約翰‧愛德華茲（John Edwards）教授從事與菜單有關的研究，找到菜單最適合的品項數量。他提到：「我們試圖在菜單上建立前菜、主菜和布丁（甜點）的理想數量。研究結果顯示，橫跨不同年齡和性別的餐廳顧客，確實有一個最佳數量的菜單品項。低於這個數量的話，會讓客人覺得選擇太少，並容易讓客人感到不安。以速食店而言，一般消費者會希望每個類別都能提供六個選項（類別包括：開胃菜、雞肉、魚、素食和義大利麵、燒烤和經典類的肉類、牛排和漢堡、甜點）；在高級餐廳，則需要提供七種開胃菜和甜點，主菜則須提供十個選項。」（Fleming, 2013）

　　確定菜單品項的數量與內容後，接下來的方法是在每一品項中列出菜色名稱、說明與價格，清楚明確讓菜色的說明與價格隸屬於該菜色品項。以下為列出食物品項與價格須注意之細節：

1. 確認有提供幾款低於平均價格的菜色，但同樣也有幾款是較為高價的菜色，呈現菜色與價格的多樣選擇。

2. 考慮提供有特殊需求飲食的菜色，如素食、兒童餐或低卡路里、無麩質飲食等，以滿足更多的客人。

3. 考慮在特殊時段提供低價飲食吸引更多客人，像是歡樂時光（happy hour）的特價食物或飲料；針對特殊客人類別，如老年人、軍人、學生等提供特價。這指的是在特定的時間（非尖峰時間）提供某些菜色打折，或在這段時間提供價格較便宜的少份量菜餚。

4. 列出部分附餐（side dish）的多樣性替代品，讓價格有機會提高，增加收益。例如：客人只要多付十元即可以五穀飯、紫米飯替代白

飯;或是多付十元即可以沙拉或是烤地瓜取代薯條之類的替代品設計,以上均可提高客人的消費金額。

圖2-6　澳洲的旋轉壽司餐廳提供學生放學時間(下午3:00-5:00)以特價澳幣2.5元享用原價一個3.8元的壽司

圖2-7　德國餐廳提供每日特價菜色之菜單看板,星期日甚至提供兒童用餐免費的優惠

三、給予每道菜餚適當的名稱

當確認要販賣的產品品項之後,接下來便是給予菜餚一個適當的名稱。

食物的名稱是否能吸引消費者,取決於能否刺激消費者的購買慾望。例如:「漢堡」這個菜名太普通,聽起來不太吸引人,但是「多汁漢

堡與芝麻菜和芥末蛋黃醬」則會吸引客人的目光。菜名之後，則需要提供詳細說明，尤其是在西餐廳，須提供所有食材的說明，例如：「以法式奶油麵包搭配四分之一磅漢堡牛肉加上芝麻葉、芥末蛋黃醬、火烤蘑菇、熟成番茄，和傑克胡椒或瑞士乳酪。」如果這道菜餚有明顯的特色，尚可另外註記，如以下說明：

1. 這道菜比其他菜色較辣，或是較燙。
2. 這道菜含有一些可能會產生過敏的成分，例如花生。
3. 這道菜迎合有特殊飲食需求的客人〔素食、無麩質、低卡路里（包括準確卡路里計數）、低鈉等〕。

牛津實驗心理學家查理斯·史賓塞（Charles Spence）曾發表一篇〈關於一道菜的名字對食客的影響〉的論文。他認為給予菜餚一個民族或是族群的標誌（label），會讓食物的正統性更為真實，這些標誌會引導消費者注意到菜色本身的族群特色，從而有助於產生菜餚的某些味道和品

圖2-8　Mantra的飯店餐廳提供的菜色（右方），每道菜餚均有食材說明

質。如台灣的「客家」小炒、「台式」滷肉等菜餚名稱，分別強化了客家菜與台灣菜的傳統與其道地的味道。

　　然而，有些餐飲業者不一定認同以上的說法，在英國備受好評的聖約翰（St. John）餐廳，他們則僅採用食材的名稱，簡單顯示該道菜餚可能有的內容。又如英國的波爾波集團（Russell Norman's Polpo）下所屬之餐廳，他們採取了微妙的方式來吸引客人，如旗下的諾曼（Norman）義大利餐廳的菜單，他們不用大量的義大利文，反而採用顧客熟悉的用詞在菜單上，藉以拉近與顧客的距離，如菜單上的一道菜餚suppli（一種義大利米跟起司做成的炸米球點心），其發音接近英文的rice balls（米球），客人閱讀起來便能馬上瞭解，用這樣的命名策略來凸顯其菜餚特色（Fleming, 2013）。另一間旗下的波爾波（Polpo）餐廳，其販賣的義大利威尼斯料理便是印在義大利牛皮紙上，提供客人這個菜餚起源地該有的憂傷、粗曠之氣氛。

圖2-9　以義大利牛皮紙所印製的菜單，可以讓客人感受義大利文化

資料來源: https://www.coventgarden.london/restaurants/polpo

圖2-10　菜色的名稱繞舌，雖有意境，卻易讓客人無法辨識菜色
　　　　內容，增加服務人員解說必要

四、謹慎置放照片

　　食物攝影是一門學問，菜單上呈現的照片品質優劣，足以影響消費者點餐的意願。在設計菜單的同時，應考慮編列一部分的經費，聘請專業食物攝影師來為菜單照片操刀，讓菜單上的照片幫食物加分。

　　然而，食物的真正吸引力是多面向的，還包括味道與口感等是照片無法表現出來的，因此一般建議是將部分菜色，特別是餐廳推薦菜的照片給客人參考，而非提供所有菜色的照片，造成客人的視覺混淆。

五、將第二輪的草擬菜單列出細節內容

　　此步驟所指的細節內容，是指菜單所採用的字體、設計上的邊距、行距和整體設計等。說明如下：

　　1.建議菜單的字體保持簡單，避免使用過於時髦的字體，它可能看起

來很有趣，但看起來呈現不專業。另建議不要使用超過三種字體在同一份菜單上，以免在閱讀時會產生混亂、不舒服感。

2.如果餐廳的客人主要為年紀較大的客人，建議使用較大、簡單的字體。客人會因為容易閱讀菜單而點選更多品項。

3.較為高檔餐廳的菜單傾向於更簡短、簡單的設計。簡樸的設計概念更能呈現出餐廳優質產品的想像空間。

4.若菜單上有大量的品項供客人選擇，建議每道菜餚能夠提供號碼，在不同的區塊提供連續的序號。這樣可以更容易讓客人與工作人員進行點餐，如**圖2-11**之菜單，將產品品項均加上編號，讓客人與服務人員的點餐互動更為單純。

圖2-11　越南餐廳Pho Ever Taste之菜單將每道菜餚放上編號，方便客人點餐

5.試著讓菜單每一頁有視覺平衡感。可以將圍繞菜單內每個區塊的內容，畫一個正方形，然後去看看他們與剩餘的色塊空間的整體平衡感。

六、選擇最後的設計版本

在此一步驟，餐廳老闆、經理和主廚需一同來確認菜單的設計和內容。此外，也可以找具客觀立場，即幾位非餐飲行業的人或是較熟悉該餐廳產品的顧客，對這份尚未確認的菜單提供意見，因為從其他人的角度來看菜單，能產生不同的火花，提供不一樣的思維。

七、對最終版本的菜單設計進行校對和送印

最後，需針對整份菜單進行詳細的校對，找出不易發現的小錯誤，如錯字或是價格的小數點的位置等，可聘雇一位專業編輯協助進行校正。

第三節　菜單的基本類型

一、依商業類型與否區分

菜單對所有餐廳而言都是不可或缺的工具，它在促進餐飲產業發展中占有重要地位。菜單不僅提供有關餐廳的食物和價格的資訊，透過菜單還能鼓勵顧客選購食物。菜單本身擁有吸引顧客注意力和資訊提供的能力，其價值因而創造餐廳更大的利益。

圖2-12的菜單分類表將菜單的種類依「商業型」與「非商業型」兩大類別做為區隔進行介紹。細項介紹如下：

1.商業型菜單：指提供餐食的場所主要是以營利為目的，如一般的中西餐廳、咖啡店、速食店、交通運輸工具上的餐廳等所提供給客人的餐點明細，包括單點菜單、套餐菜單、自助餐，及其他項目的酒單與甜點單等。

2.非商業型菜單：指提供餐食的場所非以營利為目的，如醫院提供的病人飲食菜單、學校的營養午餐菜單、部分公司行號提供的員工餐，以及由政府單位主導安排的國宴等。

　　菜單的分類可以有相當多種形式，有按照餐廳型態區分，有按照點餐方式區分，也有針對不同的活動而設計，因此在未來的數個章節當中，將會依照**圖2-12**的菜單分類表作為基礎，再進行詳細的說明與介紹設計的概念。

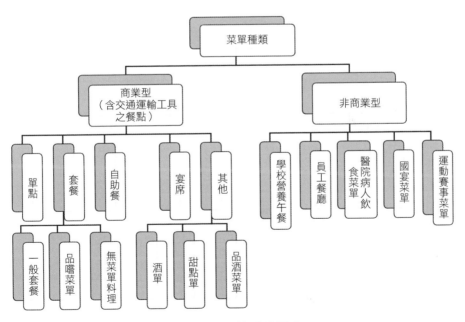

圖2-12　菜單分類表

資料來源：作者自製

圖2-13　商業型菜單──一哥麻辣燙餐廳之菜單

日期	星期	主食	主菜	副菜	青菜	湯	水果	奶類	全穀根莖類(份)	豆魚肉蛋類(份)	蔬菜類(份)	奶類(份)	油脂類(份)	水果類(份)	熱量 仟卡	鈣含量 mg
8/30	五	小米飯	香菇瓜仔肉	芹香甜條	紅絲油菜	金粒豆薯湯	水果		4.6	2.3	1.5	0.0	2.3	1	695.5	303.5
2	一	糙米飯	京醬肉柳	火腿四寶	有機蔬菜	蝦香扁蒲湯	水果		4.9	2.1	1.5	0.0	2.4	1.0	706.0	184.4
3	二	特餐：上海菜飯+香菇雞+有機蔬菜+青菜豆腐湯					水果		4.8	2.5	1.6	0.0	2.0	1.0	713.5	235.2
4	三	胚芽飯	紅燒肉	彩繪絲瓜	金粒青江菜	冬瓜丸片湯			4.1	2.0	2.0	0.0	2.1	0.0	581.5	116.5
5	四	蔬食日：燕麥飯+腰果蒸蛋+沙茶干片+木須花椰菜+紅糖地瓜湯					水果		4.6	1.8	1.1	0.0	2.3	1.0	634.5	337.1
6	五	芝麻飯	香酥魚丁	麻婆豆腐	芝香萵苣	紫菜蛋花湯	水果		4.7	2.8	1.0	0.0	2.6	1.0	741.0	133.5
9	一	特餐：金瓜米粉+香滷翅小腿*2+白饅頭*1+金菇小白菜+玉米洋芋湯						鮮乳	3.5	2.6	1.1	0.8	2.3	0.0	691.0	100.4
10	二	小米飯	古早味肉燥	鐵板銀芽	黃瓜蔬菜	黃瓜大骨湯	水果		4.0	2.3	2.0	0.0	2.3	1.0	666.0	330.3
11	三	黃豆胚芽飯	花瓜雞	肉末粉絲煲	枸杞油菜	海絲大骨湯			5.0	2.1	1.7	0.0	2.1	0.0	644.5	315.6
12	四	薏仁飯	薄鹽魚排*1	家常豆腐	有機蔬菜	雙豆甜湯	水果		4.8	2.7	1.0	0.0	2.2	1.0	722.5	454.6
13	五	中秋假期放假一天														
16	一	芝麻飯	虱目魚排*1	三杯百頁	福山萵苣	冬瓜大骨湯	水果		4.0	3.2	1.0	0.0	2.4	1.0	713.0	134.1
17	二	蔬食特餐：葵瓜子玉米炒飯+紅絲什錦炒蛋+有機蔬菜+綠豆麥片湯						鮮乳	5.0	1.7	1.2	0.8	2.5	0.0	740.0	308.2
18	三	雜糧飯	南瓜燉雞	三絲干片	青江菜	菇菇銀蘿湯			4.3	2.2	1.8	0.0	2.2	0.0	610.0	170.2
19	四	糙米飯	鐵板肉片	蛋酥白菜	雙色花椰菜	大滷湯	水果		4.0	2.3	2.1	0.0	2.5	1.0	677.5	135.9
20	五	麥片飯	左宗棠雞	關東煮	有機蔬菜	鮮蔬蛋花湯	水果		4.2	2.4	2.0	0.0	2.6	1.0	781.0	512.4
23	一	燕麥糙米飯	塔香打拋豬	海根三絲	蒜香高麗菜	味噌丁香海芽	水果		4.0	1.8	2.0	0.0	2.3	1.0	628.5	349.8
24	二	胚芽飯	檸檬魚排*1	咖哩洋芋	有機蔬菜	海帶蔬菜湯	水果		5.2	2.4	1.3	0.0	2.1	1.0	646.0	166.4
25	三	薏仁飯	宮保雞丁	黃瓜燴黑輪	蝦香扁蒲湯	羅宋湯			4.6	2.3	1.7	0.0	2.5	0.0	642.5	142.8
26	四	特餐：肉黃麵線+蠔油肉片+刈包*1+蒯白菜						鮮乳	3.5	2.6	1.3	0.8	2.3	0.0	687.0	205.6
27	五	蔬食日：芝麻飯+日式蒸蛋+糖醋油腐+有機蔬菜+綠豆西谷米					水果		5.4	2.1	1.0	0.0	2.1	1.0	724.0	350.1
30	一	麥片飯	咖哩雞	培根高麗菜	金粒油菜	酸辣湯	水果		4.4	2.3	1.7	0.0	2.3	1.0	686.5	172.0

圖2-14　非商業型菜單──關渡國小營養午餐菜單

二、固定或循環菜單

不同的餐廳提供不同的食物和價格制定策略，當然其菜單款式也不盡相同。菜單分類表上的任何一種菜單，不論是商業型菜單或是非商業型菜單，基本上都可以以固定或是循環設計菜色為基礎，來規劃所需要的菜單（Texas Covers, 2018）。以下為固定菜單與循環菜單之介紹：

(一)固定菜單（Static Menu）

這是最常見的菜單類型，已被一般消費者熟悉並廣泛接受。其指的是將菜餚品項進行分類，如開胃菜、主菜、沙拉、湯、甜點等。這種類型的，單通常含有數頁，大多數速食店或簡餐餐廳都使用這類菜單。

由於固定菜單多為全年提供，因此在麥當勞、必勝客、漢堡王等速食店最為普遍採用。例如麥當勞的大亨堡、麥香雞、麥香魚、麥克雞塊，以及薯條等，都是固定菜單的內容，也不會被替換或循環販售。然而，這些速食店仍然會推出短期商品，增加客人的新鮮感，如麥當勞也曾在2018年4月販賣為期兩個月的雙牛起司黑堡，以及使用蔬菜綠漢堡的莎

圖2-15　速食店之菜單採用較多的固定式菜單

莎脆雞腿之新的選擇。然而，固定菜單的菜色仍然是許多顧客經常光顧這些速食店的主要原因。

以下為固定菜單的優缺點分析：

1.優點：
　(1)降低製作菜單之成本。
　(2)備餐容易，擁有固定食材來源。
　(3)服務生容易記住菜單上的內容，能快速反應客人問題，提高服務品質。
　(4)客人也因容易記住餐廳菜色，若是選擇訂餐等服務，會優先考慮熟悉餐廳。

2.缺點：
　(1)工作人員欠缺新的刺激，工作較容易有倦怠感。
　(2)菜單若是都提供相同的菜色，會讓一些常客失去興趣，而去其他餐廳尋求更多選擇。

因此若是餐廳選擇固定菜單，除提供基本菜色外，通常也會搭配季節性的臨時菜單，不僅能讓餐廳販賣的菜色較為多元，客人增加一些選擇，員工也提升工作上一定的挑戰性，讓餐廳增加更多活力。

(二)循環菜單（Cycle Menu）

循環菜單指的是食材採用的週期性，因此在一般自助餐店（cafeteria）、便當店等商業餐廳多選擇循環菜單。另外，循環菜單普遍應用在非商業類型餐廳，例如醫院之病人菜單、學校營養午餐或員工餐廳，在第五章將有詳細介紹。以下是規劃循環菜單的一些步驟：

1.收集菜單規劃可用的資源，如食譜、食材資訊和國家學校午餐政策要求。

2.決定週期的長短。循環菜單應至少三周才循環一次，以促進餐食種
　類的多樣化。

3.先計畫主菜：

　(1)嘗試在週期的每一天包括不同的主菜。

　(2)每天的肉類食物的多樣變化。例如，星期一供應蔬菜牛肉湯、星
　　　期二提供魚塊、星期三則有雞肉和米飯。

4.針對營養需求的要求，適當搭配與主菜契合的副菜。

使用循環菜單有以下成本節省之優點：

1.節省時間和人工成本：

　(1)循環菜單節省了收集資訊、規劃菜單、開發菜色所需的成本。

　(2)採購程序標準化，耗時少。

　(3)循環菜單的標準採購清單有助於防止額外訂單，節省時間。

　(4)隨著菜單項目的重複，工作人員越來越熟悉食譜和更有效地生
　　　產。

　(5)使用循環菜單節省的時間可以用於營養教育和培訓。

2.循環菜單可以協助控制食品成本：

　(1)可以根據過去的記錄，更容易地規劃適當的食材採購量。

　(2)循環菜單可以更容易地大量採購經常使用的食材。

　(3)循環菜單可以協助利用季節性食材的優勢。

3.循環菜單降低了倉儲成本：由於循環菜單能協助規劃原物料的正確
　採購量，有助於保持適當的庫存量。

4.循環菜單減少食物浪費：隨著菜單的重複準備，更容易規劃每份菜
　單所需要的食材內容。

在設計菜單時，有多樣的菜單類型可供選擇，都應格外小心選擇適
當的菜單類型來搭配餐廳的方向規劃與營運功能。有效利用菜單的功能並
發揮價值，採用專業的角度來設計與應用，必能為餐廳帶來最大利益。

參考資料

中文資料

任韶堂（Dan Jurafsky）（2016），《餐桌上的語言學家：從菜單看全球飲食文化史》，游卉庭翻譯，台北市：麥田。

張玉欣（2018.07），〈菜單上的新寵兒—Tasting Menu〉，《料理・台灣》。

網路資料

Fleming, Amy (2013), Restaurant menu psychology: tricks to make us order more. https://food.ndtv.com/opinions/restaurant-menu-psychology-tricks-to-make-us-order-more-693211，2019.11.8瀏覽。

http://www.wikihow.com/Make-a-Restaurant-Menu，2019.11.8瀏覽。

https://about.easil.com/whats-menu-5-critical-elements-every-menu-needs/，2019.11.8瀏覽。

https://www.theguardian.com/lifeandstyle/wordofmouth/2013/may/08/restaurant-menu-psychology-tricks-order-more，2019.11.8瀏覽。

5 Different Types Of Restaurant Menus, https://www.texascovers.com/5-different-types-of-restaurant-menus，2020年9月5日瀏覽。

https://screen.cloud/blog/how-to-set-up-digital-menu-board#benefits-of-digital-signage-menu-boards，2019.11.8瀏覽。

Chapter 3

商業菜單的種類(一)

菜單不僅提供有關餐廳的食物和價格的資訊，透過菜單還能鼓勵顧客選購食物。菜單本身擁有吸引顧客注意力和資訊提供的能力，其價值因而創造餐廳更大的利益。

不同類型的餐廳提供不同的食物和價格制定策略，當然其菜單的款式設計也不盡相同。本書第三、四章將以商業型菜單為主，介紹以營利為主的餐廳之菜單種類。

第一節　單點與套餐菜單

本節將介紹單點與套餐之菜單，詳述如下：

一、單點菜單（A'la Carte Menu）

單點菜單的英文為A'la Carte，此一詞源自於法文，約在十九世紀出現，指的是菜卡，即每一項標註價格的菜餚，即現今的「單點菜單」之意。單點菜單指的是由客人針對菜單上的單獨項目的菜餚進行點選。也因為食物是獨立品項出售，因此每項菜餚都須標示說明與價格。大部分的中餐廳在「用餐區」（小吃區）多提供這類的菜單，西餐廳也以單點菜單為基本設計之主軸。

另外，尚有一個專有名詞——Du Jour Menu，同樣源自於法文，指的即是「今日特色菜單」，也就是英文的"of the day"之使用。這類的菜單因為經常更換，較不會出現在傳統的固定單點菜單內，可能以黑板等展示工具來告知顧客相關的今日或主廚推薦菜之餐飲資訊。

此菜單是建立在一般採用固定菜單的餐廳來使用，但卻與無菜單料理有少許的共同性，這些菜單所採用的食材，其可採用的季節較為短暫，供應時間也有限，因此推薦的菜色可能僅為一至二道菜餚。

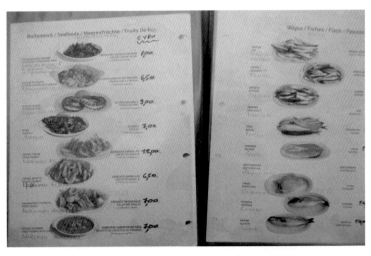

圖3-1　希臘的某海鮮餐廳之單點菜單

圖3-2　無圖片、純文字的單點菜單

　　由於菜餚品項多樣且不斷變化，因此配合季節性的「今日推薦菜」這類的菜單提供客人另一項菜單上的選擇。現今社會也開始重視食材的在地與季節性，讓客人可以吃到最新鮮、最合理的價格之菜色，因此許多餐廳甚至會每天推出「今日推薦菜」。基本上，這類的菜單內容每天都不會

一樣，餐廳常利用黑板可以擦拭的方便性，來介紹這類菜單，因此又稱為「黑板菜單」（chalkboard menu），增加菜單修改的彈性。

圖3-3　寫在黑板、擺在餐廳門口的今日推薦菜，強調季節性的菜色

圖3-4　採手繪、手寫的黑板菜單，不僅方便修改，也能吸引客人

二、套餐菜單（Table d'hote Menu）

(一)一般套餐

　　根據牛津字典（Oxford Dictionary），Table d'hote一詞為法文，出現在十七世紀，英文的意思為"host's table"。主要指的是客人在旅館或是餐廳用餐，而餐點是在限定的菜色中選擇、安排的時間上菜，價格也是設定

成固定的價格。

在現代社會，餐廳為了方便客人的選擇，或是在食材採購上進行考量，將多道菜餚包裝成一套出售，此即為套餐。在台灣，西餐廳或是日本料理提供套餐菜單相當普遍，主要是因為有些顧客對於異國料理品項較為不熟悉，由餐飲業者從專業角度將菜色包裝成套餐以方便顧客點餐，成為客人的最佳選擇。

另外，由於少子化的影響，家庭人口數愈來愈少，中餐廳也開始針對顧客人數進而設計中餐套餐，常見有兩人套餐、四人套餐、六人套餐等（Texas Covers, 2018）。

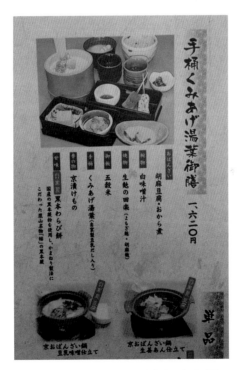

圖3-5　日本流行販賣個人套餐

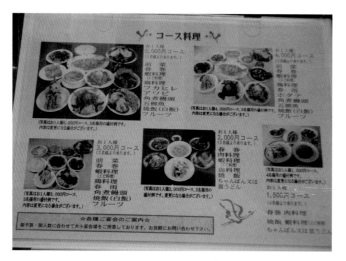

圖3-6　日本料理套餐菜單

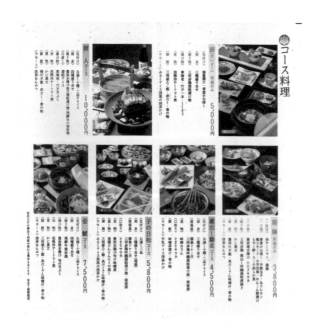

圖3-7　盛田和食餐廳的套餐菜單

Samedi 10 Octobre 2015

Champagne Tour d'Argent Grand Cru

Bourgogne Aligote (Boillot) 2013

Bourgueil « Grands Monts » (Druet) 2005

Amuse-Bouches

Quenelles de Brochet Andre Terrail

Filet de Canette de Vendee, Courgettes aux Airelles

Tarte Bourdaloue, Pomme Poire

Mignardises

Chef de Cuisine : Laurent Delarbre
Un des Meilleurs Ouvriers de France

圖3-8　法國巴黎米其林一星LA TOUR餐廳之套餐菜單內容

(二)品嚐菜單（Tasting Menu）

　　Tasting一字源自於1650年代的拉丁文degustationem，名詞為degustatio，指的就是品嚐、試菜的意思。牛津字典（Oxford Dictionary）的定義為：「在一個固定的套餐價格下，提供多道小份量（sample portions）的菜色讓消費者品嚐。」因此tasting menu或是degustation menu等詞即是指由餐廳主廚挑選出餐廳特色菜，以小份量、多道的菜餚方式提供予消費者品嚐。也有餐廳以sample menu或法文的dégustation來稱之，在此以「品嚐菜單」的中文作為翻譯。

　　品嚐菜單約在1990年代走進餐廳，成為菜單設計的一部分，它成為廚師特別精心規劃、突顯廚師廚藝的精華所在。品嚐菜單的個別單一菜色往往由餐廳來選擇適當的葡萄酒，讓每一道菜與酒能夠完美搭配。

　　Linda Hay是美國的美食家，也是Reward Network的企劃經理，他對於菜單的未來趨勢與tasting menu的設計提出獨特的看法：「無論您認為

這是奢侈的就餐體驗，還是展示餐廳的機會，提供品嚐菜單是一些評價高的餐廳的熱門趨勢。將品嚐菜單加到餐廳的菜單，也是試圖獲得美食評論家關注的一項重要方式。」Linda也提到品嚐菜單在設計規劃上應留意的細節：

■展現廚房的特色和食材

　　品嚐菜單從無到有的規劃過程，需要餐廳團隊本身廚藝技術的高水準作為基礎。由於品嚐菜單聚焦於小份菜餚的提供，因此廚師們需要更靈活地發揮自己的創意，來開發多道特色菜餚。廚師甚至可以應用昂貴的食材，如松露或番紅花（saffron）等，更周到、細心地設計在品嚐菜單中。

■講一個故事與菜單

　　不同於一般的單點菜單，品嚐菜單之內容是廚師烹調經驗的匯集，經由廚師的精心設計，品嚐菜單的每道菜餚、菜餚的上菜順序都涵蓋廚師的靈感或想呈現的主題，讓消費者能有一個難忘的餐飲體驗。舉例來說，廚師可以將特定區域的菜餚進行串聯，融合當地烹飪傳統與現代烹調，突顯在地食材或季節性食材，這些都可以述說一個故事。

■提供周到與知識性的服務

　　選擇品嚐菜單的客人多半期待服務的升級，包含每道精緻的菜餚品質。客人之所以會選擇品嚐菜單，一定是某個特殊的場合或節日要慶祝，所以更需要額外的貼心服務。

　　通常在提供品嚐菜單的新道菜餚之前，服務人員必須清除前一道菜餚的內容，包括搭配的酒，並重新提供新的餐具與搭配酒。餐廳可以事前提供客人個別菜單，讓客人能夠一道道獲得該有的資訊，包括菜名、食材等，其他不足之處則由服務人員進行解釋。

■不斷評估和更新您的菜單

　　品嚐菜單的設計與規劃由主廚全程掌握，它不僅考驗主廚的技術，也需要主廚更敏銳的經驗與觀察，針對季節的食材變化進行更新，並特別針對選擇品嚐菜單卻有特殊飲食需求的客人適時彈性調整菜單內容。

TASTING MENUS

Exhibition menu | with wine pairings　　　　　　　　　　　　　　140 | 200

Five course tasting menu | with wine pairings　　　　　　　　　110 | 150

Cured Hiramasa Kingfish, sour cream, cucumber

Mooloolaba king prawn, macadamia nam prik, quince, green mango

Cone Bay Barramundi, yoghurt, pepita, salt bush

Black Onyx short rib, tamarind eggplant, miso

Coconut rice pudding ice cream, yuzu, pear, sunflower seed

Tasting menus are to be experienced by the whole table.
Please advise of any dietary requirements.
Wine pairings are poured at a tasting size of 75ml per course.

圖3-9　Goma餐廳的品嚐菜單（tasting menu）

三、無菜單料理（menu free; no menu）之菜單

　　台灣約在2005年左右，少數餐廳開始推出無菜單料理。此類餐廳強調的是由主廚尋找當日季節性食材來設計當日料理，因此無法提供制式的菜單供客人點菜。無菜單的餐廳經營方式看似隨性，但考驗廚師的即時反應，因為廚師必須對季節性時材有強烈的敏感度，每天都須開設當天菜色的菜單，工作具挑戰性，但卻最能提供客人當季的新鮮食材和廚師精湛的廚藝。

由於無菜單料理已經限制菜色內容，客人多無法自由點餐，因此也將此料理的菜單設計置於套餐類別進行介紹。自英文上的使用來看，西方國家多以menu free或是no menu來代表此類餐廳的菜單設計策略，但也有採用英文的no choice來看待廚師的「唯一菜單」，以下提供詳細案例說明：

(一)無菜單（no menu）

此類餐廳可以是上述所提的概念，即由主廚每天隨食材的取得來決定菜單內容。在台灣花蓮的「陶甕百合春天」餐廳即是相當典型的無菜單料理餐廳，主廚提供的菜色需視當天或前一天捕獲的食材才能決定，但該餐廳提供不同價格的套餐，讓客人可以事前預訂800元或是1200元等之套餐。國外尚有幾個案例可以讓讀者相互比較（Reaney, 2012; Goodfellow, 2014）。

■案例一

位在上海的12 Chairs餐廳，是由著名的澳洲籍主廚David Laris主持，是相當典型的無菜單料理餐廳，只有當天才會知道菜色內容。餐廳內僅有一張桌子，並僅能容納十二人。如果客人不是參加一個十二人的聚餐活動，容易透過這類的用餐過程與同餐桌的其他客人有所互動。菜餚由主廚設計，融合了澳式、亞洲和地中海風味，晚餐一律自八點開始上菜。

■案例二

Chef's Table餐廳是紐約布魯克林當地唯一的米其林三星餐廳。餐廳內僅有18個位子，雖然價格昂貴，每人一餐須支付362.21美元，這家餐廳依舊很難預訂。設法預訂餐廳的客人永遠不知道主廚César Ramirez會提供的餐點內容，因為他每天早上都會改變二十四道菜的菜單（此為品嚐菜單；tasting menu）。客人僅能知道這些菜餚的基本結構：小盤前菜、起

司、湯和甜點，主菜大多數都是海鮮，真正的菜色內容均需等服務人員上菜後，才會知道能夠享用到哪些食物。

■ 案例三

英國的Soho House提供一種BMF（bring me food）的服務，老闆Nick Jones認為這類的餐廳主要是方便提供一群人要一起用餐，但可以省去點菜過程的討論，由餐廳依照人數負責安排餐點。因此客人只要坐下來，告知服務人員有哪些忌諱、不吃的食材等相關資訊，其他就由餐廳依照客人的人數來為客人配菜。因此稱為BMF。其中BMF菜單內容主要是根據季節食材（in-season）來設計菜單中的品項。

專欄　陶甕百合春天

陶甕百合春天風味餐廳是以老闆陳耀忠與兩個女兒三人的阿美族名字來命名，店名的陶甕（Atomo）和百合（Arigfowang）是老闆兩個女兒的名字，而春天（Canglah）則是他自己的名字，餐廳就名為陶甕百合春天。

陳耀忠是阿美族青年，每天上山採菜、下海捕魚，大自然就是他的冰箱，每個當令食材都可信手拈來，成為一道道新鮮又不失原味的創作料理。提供風味套餐服務，沒有菜單而且必須預約才有得吃，食材以每天下海捕捉的新鮮貝類、海菜及魚類為主，搭配東海岸當季野菜，就成了最美味的原住民風味餐。

資料來源：東部海岸國家風景區

https://www.eastcoast-nsa.gov.tw/zh-tw/consume/detail/656

(二)無選擇性菜單（no choice menu）

　　無選擇性菜單指的是餐廳僅提供一份菜單，可以是每天都不一樣，如第一類的Chef's table之案例，也有可能每星期或是每月、每季更換菜單。如2020年拿到台北米其林二星的RAW餐廳即為每季更換、但提供一種菜單，消費者沒有其他選擇性。以下則是國外餐廳的案例分享：

■案例一

　　由著名的主廚Thomas Keller主持的Ad Hoc餐廳位在美國加州的Yountville，最初被設計為一個臨時的快閃餐廳，餐廳提供一套四道菜的家庭式、屬於家庭溫馨菜餚（comfort food）的菜單。但由於受到客人的喜愛，經營相當成功，主廚Keller決定讓Ad Hoc餐廳成為永久性餐廳。自

圖3-10　Ad hoc餐廳之當日菜單

2007年以來，Ad Hoc餐廳一直在為其客人提供不斷變化的每日菜單。無論何時，客人都能在餐廳吃到期待的家庭式的熟悉菜色。

■ 案例二

芝加哥的Next Restaurant是一家不需訂位的餐廳，但需要事先購買確定的日期和時間的餐券，客人僅需在用餐時間準時抵達餐廳，不需點菜，即可享受主廚提供的季節特色套餐。套餐的變化不僅在食材上、也包含烹飪概念，以及從質樸的法國美食到充滿活力的泰國香料等多國料理的混搭。

圖3-11　RAW提供的套餐菜單為每季更換，但也因為只有一種，可被歸類為「無選擇性菜單」之餐廳

 第二節　自助餐與宴席之菜單

一、自助餐

源自於十六世紀法國的自助餐（buffet），因其便利性與選擇性的多樣化，成為現代社會許多消費者的最愛。從定義上來說，自助餐是一種自助式的就餐方式，顧客只要支付一個固定的價格，即有權利選擇並享用所有餐廳提供的食物。現今有許多餐廳多以自助餐規劃不同的主題吸引消費者。自助餐也成為在特殊場合或作為餐廳促銷的一種方式。在此將介紹自助餐的四種類型式（Lorri Mealey, 2018）：

(一)吃到飽的自助餐（All you can eat buffet）

吃到飽的自助餐支用餐模式，通常是客人支付一個固定價格，便能從不同的餐點陳列區，包括熱菜區、沙拉酒吧、甜點區等，以自助的方式選擇自己喜愛的食物，並可重複食用，此傳統類型的吃到飽餐廳以在星級飯店餐廳最為普遍。

但也因為「吃到飽」的用餐模式頗為流行，許多異國料理（如日式與韓式燒肉）或是火鍋店等屬於特定主題的餐廳，也會提供吃到飽的服務，讓客人可以享用。

(二)自助餐廳式自助餐（Cafeteria style buffet）

這類自助餐是指顧客拿著盤子通過一條動線來選擇他們喜歡的三明治、甜點和一杯飲料等。在台灣，由於飲食習慣的不同，雖然供餐方式相同，但主要由顧客挑選幾樣配菜搭配白飯，最常是在一般的午餐、晚餐時段來進行消費，也有很多客人選擇裝入便當盒外帶。

由於自助餐廳的自助餐幾乎是每天提供消費者午晚餐的平價餐飲選擇，因此有必要提供更多的選擇，但也因為餐廳需要提供更廣泛的選擇，因此餐廳多以「循環菜單」的設計為基礎，讓幾乎每天光顧餐廳的顧客能每天品嚐到不同食材所烹煮出的菜色。**表3-1**是一般自助西餐需在每餐設定菜式所包含的內容（Lenore & Nola, 2012）。

(三)特殊時段之自助餐（Special occasion buffets）

許多餐廳會將提供自助餐作為促銷、吸引客人上門的行銷工具。以西方國家為例，旅館餐廳可能不會每天提供自助餐服務，但會安排在每月的第一個星期五晚上提供海鮮自助餐，或是選擇母親節等特殊節日，以早午餐自助餐代替一般的單點或是套餐菜單。以上均屬於特殊時段或是節日的自助餐。

表3-1　自助餐廳菜單的每餐基本款式與種類

標準款式	提供種類
湯	1
蔬菜	2-3
肉類（1個肉類替代品）	2
馬鈴薯	1
沙拉	2-3
熱麵包	1-2
三明治	1-2
調味醬	2-3
甜點	6-8
飲料	4

(四)外燴自助餐（Catered buffets）

餐廳常使用自助餐的供餐模式來服務要求辦理外燴的客人，因為這類供餐模式能夠快速、有效率讓大批人群享用餐點。婚禮、商務會議、假日聚會都適合外燴自助餐。

餐廳提供自助餐的優點是可以一次滿足大量的顧客，並聘僱較少數的工作人員。另外，餐廳廚房可以快速地替換（rotate）食物。自助餐提供了一個機會來削減食材成本並增加獲利。在台灣，「吃到飽」自助餐餐廳已成為多數星級飯店的一項重要獲利來源，因此平日可以利用循環菜單，並搭配季節性食材來進行菜單的規劃，而飯店也會舉辦異國美食節的自助餐，讓客人有更多的新鮮感來餐廳進行消費。

圖3-12　飯店餐廳提供「吃到飽」的自助餐，甜點吧常受到歡迎

圖3-13　日式燒肉餐廳「吃到飽」的菜單

二、宴席菜單

(一)宴會菜單之定義

　　宴會指的是慶祝特殊場合的節日晚宴，可能是婚禮宴席，也可能是壽宴、會議活動的雞尾酒會、聖誕派對等等。宴會菜單（banquet menu）則是將宴會的餐點事先安排，除了一般流行的「吃到飽」自助餐外，通常就西餐套餐而言，宴會服務單一類型的開胃菜和甜點，但是允許客人選擇他們的主菜；中餐則是客人以坐圓桌的方式享受事前規劃好的餐點。

(二)設計宴會菜單重點

　　最好的宴會菜單是能提供客人多種選擇，由於賓客可能有不同的飲食偏好，因此若菜色的選項能夠多樣化，便更能滿足客人。但菜單上提供的菜餚基本上亦必須考量廚房的空間和工作人員的製作能力。另外，在規劃菜單時，需注意到客人可能會有食物過敏之類的食材限制，充分瞭解客

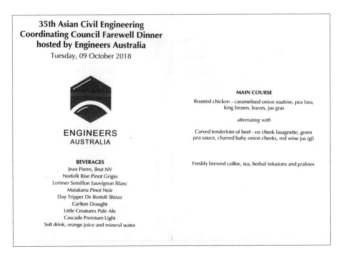

圖3-14　亞太工程師學會年會之閉幕晚宴套餐菜單

人的具體需要。以下為設計宴會菜單需考量的重點：

■ 符合宴會主題

如果宴會有設定某一主題，所規劃的餐點應該和該主題搭配，使宴會菜單展現出活動的特色。因此，宴會服務部門應有專業人士針對具體主題為客人量身訂作適當的餐點。

■ 多樣性的選擇

最好的宴會菜單應該是能提供多樣菜餚供客人選擇。以西餐而言，最基本的宴會菜單之選項包括開胃菜、湯、沙拉、主菜和甜點等，除了主菜是必選項之外，整套套餐可安排三款菜色，如**圖3-15**的西方婚宴菜單，提供前菜、甜點、並讓客人可從三種主菜進行挑選。或是更完整的五款菜色，提供更多的選項。

圖3-15　西式婚宴之賓客套餐菜單，主菜提供客人三選一

(三)宴會菜單案例

以下針對中西宴會餐提供菜單規劃的案例：

■ 西式套餐

規劃宴會菜單主要是協助主人事前規劃菜色，以順暢活動的進行。一般西式套餐的內容與服務順序如下：

1. 麵包和奶油塗醬。
2. 沙拉（如凱撒沙拉）。
3. 湯（如法式洋蔥湯）。
4. 主菜（可讓客人選擇雞鴨肉、海鮮、牛羊肉、豬肉和蔬菜等）。
5. 甜點（如起司蛋糕）。
6. 飲料。

■ 亞洲傳統宴席

華人社會習慣以圓桌來慶祝各種傳統節日，例如：壽宴、婚宴、尾牙、圍爐，甚至喪事宴席等。不僅菜色的名稱有些具有特殊意義，菜色內容也搭配節日活動的意義特別設計，如壽宴常準備豬腳麵線、壽桃等。

以中式婚禮宴席為例，婚宴菜單多遵循一個特定的流程或菜餚規劃，菜色也寓含許多與結婚祝福、喜氣等意義。以下的介紹是婚宴的上菜順序與菜餚背後的含義：

1. 冷盤或「龍鳳凰」指夫妻關係中的平衡。
2. 魚翅指的是財富。
3. 雞為「起家」，象徵未來美好的生活。
4. 大蝦指的是幸福。
5. 魚代表年年有餘、富足和繁榮。
6. 蔬菜則指雙方能避免衝突。

圖3-16　中式婚宴之桌菜菜單

圖3-17　澳洲楓林餐廳之中式桌菜菜單

7.麵條代表能夠活得長長久久。

8.甜點（台灣常用炸湯圓來代表）象徵生活甜蜜。

第三節　餐廳外帶菜單

本節主要針對餐廳提供的傳統外帶菜單進行介紹。而現今流行的美食外送服務則將安排在第七章的數位菜單，針對網路外送菜單進行說明。

劍橋字典（Cambridge Dictionary）定義外賣食物為：「在一家商店或是餐廳購買煮好的食物並帶走，通常帶回家中或在其他地方食用。」在西方國家的餐廳，常會在櫃台置放「外帶菜單」供客人帶走並參考消費。

由於外帶菜單設計較為簡略，約為一張雙面A4尺寸或僅兩頁的內容，因此食物、價格等資訊必須清楚，而哪些食物適合外帶也是在設計菜單內容時需一併考量的。

一、菜色選定

由於是外帶餐，因此菜色的選定需考量烹煮時間不宜過長的菜色、溫度的考慮，與包裝上的方便性等，這些均會影響在設計外帶菜單菜色的內容。

台灣近年來流行的年菜外帶，在菜色的安排上也從傳統的一桌十人菜單，另外推出六人份的圍爐菜單。從這類的菜單設計趨勢，也看出整個社會的人口減少之變遷現況。

二、定價

由於外帶餐的消費者不會占據餐廳的座位，因此餐廳可以賣更多的

位子給其他客人，因此若要鼓勵消費者購買外帶餐食，可以降低定價，區隔與內用價格的差異性，增加訂購的機率。

三、菜單尺寸規劃

由於消費者習慣將外帶菜單帶走，以便下次訂購時參考，因此許多餐廳會選擇印製摺頁式的菜單，方便顧客帶走，由於消耗量頗大，因此如何降低印製成本，包括紙張的選定、尺寸、顏色的選擇等都是考量的因素。

圖3-18　國外之紅雙喜餐廳之外帶菜單

圖3-19　澳洲之八月軒飲茶餐廳（外帶）菜單

圖3-20　澳洲的翡翠樓中餐廳之外帶菜單

專欄 六人份飯店年菜套組成主流　小家庭入手選擇多

農曆除夕在家過年圍爐採購觀光飯店外賣的年菜套組，今年不必「再買一整桌」啦！鑑於小家庭比例逐年提高，更為方便讓更多家庭採購入手，愈來愈多的觀光飯店將外賣年菜套組的份量，由過去八至十人改為適合六人享用的份量，且不少飯店今年並增加單品外賣年菜的品項，以迎合不少家庭喜歡「東拼西湊」的採購喜好。

綜觀台北都會觀光飯店年菜外賣市場，包括香格里拉台北遠東國際大飯店、台北晶華酒店、西華飯店、君品酒店、亞都麗緻大飯店、威斯汀六福皇宮、花園大酒店、圓山大飯店與大直維多麗亞酒店等，外賣的年菜套組都是六人份，而台北喜來登大飯店館內「請客樓」川揚料理餐廳更推出了四人份的年菜套組，家裏人口較少的小家庭選擇很多，不必再擔心買了觀光飯店外賣的整組桌菜卻吃不完浪費了。

觀光飯店過去外賣年菜套組為衝高業績多是從「桌菜」角度思考設計，菜式份量多是十人份，消費者買回家圍爐感覺像在「吃辦桌」或「辦酒席」，業者「彼此參考借鏡」，多年下來、已成市場「慣例」。景氣好時，消費者買來倒也不會手軟，即便人少吃不完，也當年終酬償，好好吃一頓犒賞自己與家人，沒啥好計較。

不過，今年不少飯店業者觀察到，雖然景氣漸有回暖趨勢，但復甦腳步仍慢，大環境景氣其實尚未明顯好轉，加上連鎖餐廳、百貨超市與便利超商等「所有行業都來賣年菜啦」，市場商機已被分食稀釋。為此，觀光飯店外賣年菜套組不再整桌整桌的待價而沽，轉而針對小家庭四至六人的份量攻堅，好讓市場主流的小家庭更容易入手。

觀光飯店針對四至六人設計外賣年菜套組，價格自然比過去八至十人低，所以今年市場上「萬元有找」的飯店年菜套組選擇較往年更

多。不過，台北君品酒店、亞都麗緻大飯店、香格里拉台北遠東國際大飯店，以及台北西華大飯店的六人份年菜套組要價仍然破萬，價差主要原因一是套組的菜品道數，另一則是菜式所用食材等級。

台北西華飯店限量推出的六人份年菜套組要價17888元，比市場上有些十人份套組還要貴，但其菜式內容則包括有：「開運大拼盤」、「頂級花膠鮑魚佛跳牆」（含甕）、「高湯焗龍蝦」、「蔥燒海參煲」、「噶瑪蘭酒糟東坡肉」、「糖醋石斑魚」、「紅蟳臘味糯米飯」與甜點「花開顯富貴」等共八道菜，因食材用料高檔，訴求客源對象顯然「不是一般小家庭」。

台北遠東飯店粵菜與滬菜餐廳外賣六人份年菜套組都要價12888元，也是標榜所用食材皆高檔，如「香宮」粵菜餐廳所出的外賣年菜就有「賽螃蟹金絲松露蝦球」、「蠔皇六頭湯鮑」等，單看菜名大抵就知其「級數」。而「錦繡田園南瓜盅」更是以南瓜容器盛裝清炒的甜椒、蘆筍、鮮百合、荸薺等食蔬，賣食材也賣功夫。

觀光飯店外賣六人份年菜套組的口味選擇也比過往多，除了粵式、滬式與台式外，也有川揚料理與杭州口味年菜，台北花園大酒店與維多麗亞酒店則整合館內中西餐廳資源，推出「跨菜系年菜套組」，頗有新意，花園酒店年菜套組六人份、八道菜，一套8888元，維多麗亞酒店則為8000元。而台北晶華酒店與威斯汀六福皇宮則更有可供六人共享的日式鍋物，讓小家庭可以圍爐，吃膩了「佛跳牆」可以考慮。

資料來源：姚舜，2018/01/19，《工商時報》。

參考資料

中文資料

張玉欣（2018），〈菜單上的新寵兒——Tasting Menu〉，《料理‧台灣》，
　　2018.7。

英文資料

Lenore Richards & Nola Treat (2012), *Quantity Cookery Menu Planning and Cooking
　　for Large Numbers*, EBook。

網路資料

https://www.uprinting.com/blog/restaurant-menu-ideas-for-kids-tips-for-kid-friendly-
　　designs/，2018.7.16瀏覽。
https://www.texascovers.com/5-different-types-of-restaurant-menus/，2018.7.5瀏覽。
https://en.oxforddictionaries.com，2018.7.16瀏覽。
https://aerolife123.blogspot.com/2017/09/blog-post_29.html，2018.7.16瀏覽。
http://www.hothamvalleyrailway.com.au/restaurant_trains.htm，2018.7.23瀏覽。
https://www.thebalancesmb.com/restaurant-buffet-2888694，2018.7.26瀏覽。
http://fandbfood.com/what-is-buffet/，2018.7.26瀏覽。
Emirates in-flight menu takes 8 months of planning (2014), https://gulfnews.com/
　　business/aviation/emirates-in-flight-menu-takes-8-months-of-planning-1.1318487，
　　GULF NEWS, 2018.7.26瀏覽。
王一芝（2006），〈餐飲新趨勢　無菜單餐廳正流行〉《遠見雜誌》，https://
　　www.gvm.com.tw/article.html?id=10773，2019.4.26瀏覽。
Joy Reaney (2012), The Rise of the No-Choice Restaurant, https://www.forbes.com/sites/
　　forbestravelguide/2012/09/26/the-rise-of-the-no-choice-restaurant/#107b34032747,
　　2019.4.26瀏覽
東部海岸國家風景區，https://www.eastcoast-nsa.gov.tw/zh-tw/consume/detail/656，

2019.4.29瀏覽。

Mollie Goodfellow (2014), No Menu Restaurant in London, https://www.standard.co.uk/go/london/restaurants/no-menu-restaurants-in-london-, 2019.4.26瀏覽

5 Different Types of Restaurant Menus, https://www.texascovers.com/5-different-types-of-restaurant-menus/，2020年9月5日瀏覽。

LORRI MEALEY(2018), 4 Buffet-Style Restaurant Concepts, https://www.thebalancesmb.com/restaurant-buffet-2888694, view on，2020年12月1日

Chapter 4

商業菜單的種類(二)

接續第三章的〈商業型菜單〉之主題，本章將繼續介紹包括飛機、火車、郵輪等交通工具的商業型菜單。另外，有些自綜合菜單獨立出來的酒（飲料）單、甜點單，以及針對客人類型所特別設計的菜單、食物模型展示菜單等，都將在本章分節依次進行說明。

第一節　交通工具之菜單

一、飛機餐點

(一)飛機餐之概念

飛機餐指的是在飛機上提供乘客的餐食。餐食的種類有按照艙等而有不同的頭等艙、商務艙與經濟艙的餐點；也有廉價航空提供付費的餐點。

飛機餐的菜單設計，基本上必須花上一年時間規劃。要設計出令乘客滿意的飛機餐並不容易，因為所有食物均須預先在地面上烹調完成，之後在三萬呎的高空再進行復熱的程序，完成烹調的所有準備工作。由於餐點味道可能因再加熱而流失部分，因此飛機餐的試菜也須預先在天空上客艙中進行，以瞭解所烹煮的餐點是否適合在飛機上食用。

(二)飛機餐之新鮮度

飛機餐訂單通常是在飛行前二至四天須確認，空廚則在起飛前廿四小時開始準備，餐點則在餐前十二小時送到飛機上（GULF NEWS, 2014）。飛機餐存放時間基本上必須符合國際食品衛生標準，但算不上「新鮮」，因為飛機餐通常是在供餐約十二至七十二小時前準備的。國際標準中，食材最久可在低溫下保存五天。飛機餐都是先在地面廚房烹

調，如雞肉只煮到六分熟、牛肉七分熟，冷卻後送冷藏保鮮，接著放入餐盒，上機後必須復熱再給乘客享用。基於食品安全標準和空間限制，機上餐多選擇在機場附近的空廚中央廚房製作。

(三)飛機餐之案例設計

飛機餐基本上也由各航空公司相關部門決定其內容。以阿聯酋航空公司為例，阿聯酋航空餐的理念是「呈現餐廳風格，儘量保持食物的傳統，以維持最佳的食物味道。」阿聯酋航空公司的廚師團隊來自多達四十五個不同的國家，負責安排早餐、午餐和晚餐，包括頭等艙、商務艙、經濟艙，以及地區型的航線餐點。

由於每天需要供應高達十二萬五千份的餐廳菜餚，在夏季的機場旺季，需求量更達到十五萬份，因此需要周密的規劃，針對食材的來源準備進行菜單規劃。

一般而言，機上乘客所選用的餐點之菜單是在一年前即確定。這代表著八至十二個月之前，阿聯酋航空餐飲團隊就必須提出了隔年的所有餐食計畫，一旦獲得確認同意，食譜就會儲存在資料庫中。

菜單規劃的關鍵因素主要在於瞭解飛行目的地，進而決定何種餐食最為適合。飛機餐在菜單設計尚須考量以下幾點：

1.食物的保存期限、是否可重複加熱。

2.飛行的時間，以規劃餐點的份量。

3.目的地的距離。

4.乘客的多樣性。

5.成本上的限制。

根據阿聯酋航空公司針對飛機餐供應進行的統計，素食和無麩質的膳食要求在近年來急劇增加，目前大約僅60%的膳食訂單是為非素食菜餚，因此考量乘客的需求，不斷變化口味是未來的趨勢。

專欄 吃不飽怎麼辦？關於飛機餐的那些事

飛機餐沒吃飽，可以要第二份嗎？

旅行者網站探討了如果乘客沒吃飽，到底能不能要第二份的問題。「如果客人要求額外的食物，無論是一包椒鹽餅乾或是一個冰淇淋，我們都會盡量供應。」維珍的一名女發言人說。關於熱的飯食，她補充道：「如果我們在送餐服務結束後還有多餘的，我們會提供（有需要的乘客）另一份。」

英國航空公司對於長途航班的乘客來說，也有類似政策。「客人要求額外的餐點，我們的空服人員都會盡可能供應，不過這情況幾乎沒發生過。」該公司表示。

一名俄羅斯航空公司的發言人說：「乘客要求額外的餐點不會被拒絕，食物有多的情況下，我們都會給乘客。」

航班上吃剩餘的食物怎麼辦？

要求額外的飛機餐可以帶來環境效益，因為如果在飛行結束時遺留下任何新鮮食物，它們就會被扔垃圾箱。

「在飛行結束時，未使用或未被汙染的物品將在另一架航班上重複使用。」維珍證實，「而我們的生鮮產品將被丟棄，因為我們必須遵守所有食品安全法規和國際食品法規。」

資料來源：《大紀元》，2018.11.23，第456期。

圖4-1 經濟艙的餐點多提供兩種主菜供乘客選擇，此為經濟艙餐點

圖4-2 飛機上也提供素食餐點

圖4-3 飛機上也提供有水果餐可以選擇

圖4-4 歐洲Easyjet航空飛機上的菜單部分內容（巴黎飛愛丁堡）

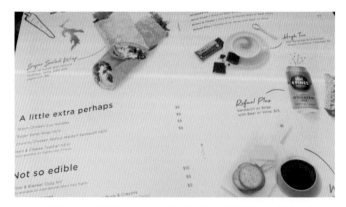

圖4-5 澳洲Virgin航空的機上菜單內容設計

圖4-6　澳洲Virgin航空的機上菜單封面

二、火車餐點

　　火車餐點指的是在火車上提供乘客的餐食，一般均為自費購買。

　　一般短程（一天可抵達之行程）的火車通常在餐食服務內容較為簡單，多僅提供簡單的飲料或是包裝點心，午、晚餐則可能以便當之類的盒裝簡餐提供，例如台灣的台鐵公司提供台鐵便當。

　　但在國外有許多超過一天的長程列車，旅客在搭乘的過程中可能也需要睡在列車上，因此火車上會有較完整的餐點服務。例如美國的Amtrak之長途火車，其中的餐車車廂除提供季節性的菜單，尚包括早

圖4-7　1919 年復古火車餐車內部

資料來源：http://www.hothamvalleyrailway.com.au/restaurant_trains.htm

餐、午餐和晚餐的各種餐點選擇；飲料則有雞尾酒、啤酒和葡萄酒，以及咖啡、茶或碳酸飲料。Amtrak也提供特殊菜單，如猶太餐，但需要在七十二小時之前通知才能預先準備。目前已經較為普遍的素食餐多已列入長途列車的常規菜單內，不需要提前通知

　　除了長短線火車外，尚有一種「觀光火車」提供不一樣的服務內容。舉例來說，西澳的Hotham Valley地區提供觀光客可以在1919年份的復古火車與1884年份俱樂部餐車內用餐，複製當年的餐車菜單內容，提供五道菜色的套餐如圖4-8所示，包括：湯品、前菜、主菜、甜點、起司盤、茶或咖啡等，但這項特殊的觀光火車餐廳的開放時間僅限於每個星期五與星期六的晚上。

圖4-8　在1919年的復古觀光火車上提供的套餐菜單

資料來源：http://www.hothamvalleyrailway.com.au/restaurant_trains.htm

三、郵輪餐飲

　　全球的郵輪產業約在十九世紀初成型，但最初的郵輪搭載仍以運載貨物為主。1830年代，英國和北美洲皇家郵件公司（the British and North American Royal Mail Steam Packet）主導了跨大西洋客運和郵件運輸的郵輪市場。此公司之後稱為丘納德公司（the Cunard Line），並在1840年七月四日，正式由第一艘船——不列顛號（Britannia）自利物浦出發，橫渡大西洋十四天，載著母牛以供應乘客新鮮牛奶，此為郵輪產業的開始。直到1860年代，郵輪才開始提供乘客的搭乘服務，航程品質顯著提高。

　　以下將介紹觀光與餐飲郵輪兩類在餐廳菜單上的設計與考量：

(一)觀光郵輪的餐飲服務與菜單設計

由於郵輪的遊程可以短至一天、長至一或兩個月，加上大型郵輪動輒可容納數千位乘客，因此餐飲服務在郵輪服務的過程中占有重要的比例。

也因為郵輪行程可能長達數星期，因此當郵輪上的餐廳推出所謂的「今日推薦菜」，其菜單其實都已經是在幾個星期前即確認完成。

郵輪與其他餐廳或交通工具之餐點規劃之不同點在於，郵輪每到不同的港口或目的地，可以進行食材的補貨或是事先瞭解當地的季節食材，因此郵輪餐廳主廚在設計菜單時須先知道行程的天數，以及停留的地點可能提供的食材，以便進行菜單設計。例如，郵輪若停靠在紐西蘭，則可考慮當地優質的淡菜（mussel）；若是在澳洲塔斯馬尼亞島，則可購置新鮮的生蠔或是鮭魚；郵輪若是能停靠在夏威夷，則可以買到新鮮又便宜的鳳梨。以上考量旅遊點的食材採購，其最重要的是，不僅可以提供乘客新鮮的食材，也因採買季節食材，更能降低郵輪公司的食材成本。

根據相關研究資料，不同國籍或文化背景的人喜歡不同類型的食物，如英國客人喜歡燒烤類的食物作為晚餐、布丁作為甜點；歐洲客人則偏好地中海式菜餚與新鮮的海鮮和甜點、水果。因此餐廳主廚須事前調查船上客人主要來自哪些地區、有哪些飲食偏好。另外，有些客人需要的特殊飲食，如無麩質或宗教限制等特殊飲食要求，郵輪主廚均須盡量滿足這些客人的需求。

也因為郵輪上的餐飲大部分是免費提供給郵輪乘客，因此在「減少食物浪費」的議題上是受到關注的。要做到這一點，郵輪主廚須遵循「循環菜單」（cyclical menus）的基本規範，降低重複性的菜色，讓客人在旅程每一天都能享受多樣化且豐富的餐點。以下將介紹郵輪餐廳的菜單種類：

■一般菜單

一般郵輪觀光的票價會包含早餐、午餐和晚餐的費用。然而，並非所有提供食物的場所都是免費的。郵輪上通常還是會設置高檔或較具特色的餐廳，如牛排館、法式酒館、義大利餐廳，或是日本壽司店，因此會向消費者另外收費。

■「客房服務」菜單

由於消費者在郵輪觀光的過程中會住宿在船上的時間較長，因此郵輪也多提供客房服務（room service）。客房服務的菜單在早餐方面可能有歐式早餐，也會提供全天菜單，如三明治、沙拉、披薩，或是其他開胃菜、熱菜和甜點。

有些高檔遊輪之客房服務是免費的，如挪威（Norwegian）和皇家加勒比（Royal Caribbean）等郵輪。但如果是在午夜要求的客房服務，則會酌量收取服務費，其他線路如公主郵輪（Princess Cruises），披薩也需付費。

■其他類別菜單

除了須自費的高檔餐廳和客房服務外，大部分遊輪提供全天的餐飲服務，包括自助餐、披薩店或一小部分的特色餐廳。而咖啡店則多提供小點心和烘焙產品。由於郵輪可以大到容納數千人，因此免費提供餐食的郵輪，菜單基本上都是採循環菜單設計為主，但每天菜色都必須要有變化。

■特殊客人需求菜單

‧兒童

因為觀光旅遊常有家庭式的成員參與，為能滿足所有消費者的需求，郵輪也重視兒童族群的飲食偏好。郵輪的主要用餐場所和其他有提供

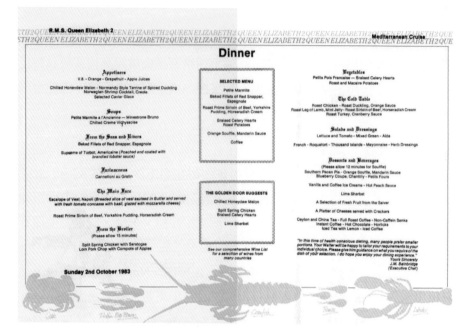

圖4-9　1983年伊莉莎白女王號之地中海郵輪的晚餐菜單

資料來源：http://www.thecaptainslog.org.uk/QE2/1983/Menu3.jpg

座位的餐廳通常有提供兒童菜單，或是兒童也能點選一般菜單、但要求較小份量的菜餚。若是在自助餐廳，將提供各種各樣的食物，會有一些選擇是適合孩子的食物。經常有披薩餅、漢堡、義大利麵和三明治，外加餅乾和冰淇淋。

　　若是嬰兒，消費者必須事先預訂，不同的郵輪線路提供的服務不盡相同。但郵輪公司通常建議客人自行準備如嬰兒奶粉等，因為郵輪可能僅能提供一般牛奶。

・飲食限制的客人

　　一般郵輪餐廳幾乎（也必須）提供素食、低鹽、低碳水化合物、無

圖4-10　1991年伊莉莎白女王號之哥倫比亞郵輪（餐廳）的化妝晚宴菜單

資料來源：http://www.thecaptainslog.org.uk/QE21991/Menu1.jpg

麩質和素食主義（vegan），或其他宗教飲食的食物，但可以要求消費者提前預訂。因此在設計菜單時，這些都是需要提供消費者作為選項之一。

(二)餐飲郵輪的餐飲服務與菜單設計

「餐飲郵輪」（dining cruise）指的是客人在用餐過程中，以提供餐飲服務為主，另搭配短程海上觀光，成為結合餐飲與旅遊服務的特殊場所。例如：在澳洲雪梨的達令海港（Darling Havour）的餐飲郵輪，主要販售的項目是餐飲服務，並提供短程至雪梨歌劇院，或是前往賞鯨的海上行程，供客人在用餐的過程中順道體驗海上風景。

LUNCHEON MENU

Starters

ANTIPASTO
Selection of Popular Italian Appetizers

OLD FASHIONED GERMAN LENTIL SOUP

CHILLED ORANGE SORY
Chilled Orange Soup with Tapioca Pearls

MEDLEY OF GARDEN AND FIELD GREENS
Choice of Dressing

Main Courses

NEPTUNE'S CHEF SALAD
Hearts of Iceberg Lettuce, Greenland Baby Shrimps, Poached Ocean Scallops
Alaskan Snow Crab Meat and Fresh Pacific Salmon
Garnished with Tomato Wedges and Watercress
Served with Your Choice of Dressing

OVEN FRESH WHOLE WHEAT BAGUETTE FILLED WITH:
Shredded Lettuce, Sliced Tomato and Creamy Tuna Salad

HAY AND STRAW
Egg Fettuccini and Spinach Fettuccini Tossed in Tomato Sauce with Sundried Tomatoes, Garlic and Basil
Freshly Grated Parmesan Cheese

PAN FRIED FILLET OF IDAHO RAINBOW TROUT ALMONDINE
Golden Butter and Toasted Almond Slivers

CHINESE PEPPER STEAK
Stir Fried Lean Beef, Peppers, Onions and Pineapples
Sprinkled with Toasted Sesame Seeds and Served with Steamed Rice

CREATE YOUR OWN BURGER
Freshly Grilled Lean Beef Burger on Toasted Sesame Bun with Crisp Shoestring Potatoes
American Cheddar Cheese, Sautéed Onions, Bacon, Guacamole, Sautéed Mushrooms, Chili con Carne
Pick Your Choice of Topping

S · P · A

These Items are Lower in Calories, Sodium, Cholesterol and Fat. Salads are prepared with Diet Dressing.
Desserts are Prepared with Sweet 'n Low or NutraSweet Instead of Sugar
Calorie Count and Fat Content can vary up to 10%

CHILLED ORANGE SORY
105 Calories, 0 gram of Fat

MEDLEY OF GARDEN AND FIELD GREENS
44 Calories, 3 gram of Fat

HAY AND STRAW
482 Calories, 12 gram of Fat

GINGERBREAD CAKE
253 Calories, 13 gram of Fat

Desserts

GINGERBREAD CAKE APPLE HOLLANDER TROPICAL FRUIT TERRINE CHOCOLATE SUNDAE
Vanilla Ice Cream, Chocolate Sauce, Whipped Cream and Toasted Almonds

ICE CREAM & SHERBETS
Vanilla, Chocolate, Strawberry, Orange, Pineapple
L73.0104

圖4-11　觀光郵輪之午餐菜單

資料來源：https://www.guidetocaribbeanvacations.com/cruise/carnival_cruise_menus.html

Dinner Menu

Starters

VINE RIPE BEEFSTEAK TOMATOES AND FRESH BUFFALO MOZZARELLA
Marinated with Basil Leaves and Virgin Olive Oil

LANGOUSTINO SALAD
Served on Marinated Arugula and Grilled Jicama

SOUTH WESTERN STYLE EGG ROLL
Marinated Baby Lettuce and Sweet & Sour Salsa

FRENCH ONION SOUP
Baked with a Slice of Homemade Bread, Freshly Grated Gruyere and Parmesan Cheese

CORN CHOWDER MARYLAND

ASPARAGUS VICHYSSOISE
Chilled Potato Soup with Asparagus Tips

Salads

MIXED GARDEN AND FIELD GREENS
Tomatoes, Cucumbers and Carrots with Choice of Dressing

CURLY ENDIVE AND THINLY SLICED CUCUMBERS
Marinated with a Low Calorie Lemon Dressing

Main Courses

RIGATONI WITH ITALIAN SAUSAGE, ASSORTED BELL PEPPERS AND FRESH MUSHROOMS
Freshly Grated Parmesan Cheese (Also available as a Starter)

BROILED FILLET OF CARIBBEAN RED SNAPPER
Chick Pea Cake, Red Pepper Sauce and Nicoise Vegetables

COQUILLES ST. JACQUES
Tender Ocean Scallops with Mornay Sauce au Gratin, Braised Fennel
Presented in a Golden Potato Ring

GRILLED ROCK CORNISH HEN ON BLACK CHERRY SALSA
Marbled Saffron Polenta Roll, Sautéed Vegetable Diamonds and Mushroom Cups

ROAST VEAL WITH MUSHROOM CREAM SAUCE
Herbed Yukon Gold Potato Mash

FILET MIGNON WITH CALIFORNIA CABERNET SAUCE AND GORGONZOLA BUTTER
Aged Center-Cut Beef Tenderloin, Grilled to Perfection
Dauphinoise Potatoes, Whole Green Beans

VEGETARIAN LASAGNA WITH SPINACH, MUSHROOMS AND RICOTTA CHEESE
Vegetarian Entrée; Served on Italian Tomato Sauce

LCDN75.0404

圖4-12　觀光郵輪之晚餐菜單

資料來源：https://www.guidetocaribbeanvacations.com/cruise/carnival_cruise_menus.html

CAPTAIN COOK CRUISES

SAMPLE MENU

CHRISTMAS PARTY BUFFET LUNCH

Sample Menu only and subject to change

From the Buffet

Leg of Champagne Ham served with a selection of mustards & relishes

Roasted Breast of Turkey with cranberry sauce

Baked Barramundi

Cooked Prawns served with dipping sauce

Roast Chicken with rich gravy

Vegetable lasagne

Steamed seasonal vegetables

Roasted Chat potatoes seasoned with rosemary, garlic & rock salt

Salads

Selection of four salads from the following

- Mediterranean salad of mixed leafy greens, olives, fetta cheese, cucumber and onion

- Traditional Caesar salad of croutons, shaved parmesan, bacon lardons and dressing

- Coleslaw of cabbage, carrots, capsicum and celery

- Beetroot Salad

- Bean Salad or mixed beans, onion and vinaigrette

Freshly baked bread rolls

Dessert

Chefs selection of cakes

Fresh Seasonal Fruit Platter

Sample menu and subject to change. Our buffet offers gluten free and vegetarian choices. All meals are prepared onboard our vessels and our kitchen team have limited time to serve the menus. Requests made in advance for special dietary (glutenfree, nut-free, dairy-free), substitutions and modifications of menus on board our cruises will therefore be politely declined. We cannot guarantee that certain products or ingredients (halal, nuts, gluten, dairy, etc.) will not be in our food, and we explicitly accept no liability in this regard. For serious food allergies you must make your own decisions on selecting meals. Our staff's comments are only to assist you in making an informed decision.

圖4-13　雪梨的餐飲郵輪提供聖誕節的自助餐派對

MENU

ENTRÉE

Warm Lamb Salad, baby greens, pumpkin, Kalamata olives, quinoa, feta cheese with Dijon honey mustard dressing

MAIN COURSE

Tasmanian grilled salmon fillet, accompanied by dutch carrots and asparagus, served with capers and lemon oil (GF)

Australian southern highlands beef tenderloin fillet, sautéed mushrooms, served with seeded mustard jus

DESSERT

Chocolate Roche with raspberry coulis (GF)

2018 sample menu and subject to change. At least one vegetarian and gluten free menu option is available for seated & served menus (see our sample Vegetarian/Gluten Free sample menu). All meals are prepared onboard our vessels and our kitchen team have limited time to serve the menus. Requests made in advance for special dietary (e.g. nut-free, dairy-free), substitutions and modifications of menus on board our cruises will therefore be politely declined. We cannot guarantee that certain products or ingredients (halal, nuts, gluten, dairy, etc.) will not be in our food, and we explicitly accept no liability in this regard. For serious food allergies you must make your own decisions on selecting meals. Our staff's comments are only to assist you in making an informed decision.

MELBOURE CUP SPECIAL

Full bar facilities available including
Moet & Chandon only $110 per bottle

圖4-14　雪梨的餐飲郵輪提供墨爾本杯（全澳洲最大賽馬盛事）的餐飲派對

此類郵輪也分不同等級，有提供高級、一般午晚餐，或是早餐與下午茶的服務；也有針對特殊節日，如除夕、母親節或是聖誕節等設計專案餐飲供消費者預訂。以雪梨的餐飲郵輪為例，該官網提供未來一年特殊節日的餐飲活動資訊，詳如**表4-1**之內容。

表4-1 澳洲雪梨的達令海港（Darling Havour）的餐飲郵輪開放訂餐之節日

除夕夜 12月31日	澳洲國慶日 1月26日	情人節 2月14日	聖誕節 12月25日	節禮日（Boxing Day） 12月26日
生動的節日 5月-6月	墨爾本杯（賽馬） 11月	母親節 可能安排	父親日 9月	長者節 3月
聖誕晚會 11月-12月	七月耶誕節 7月	雪梨的大船 全年	美食節 好食物月	學校假期樂趣 為孩子們提供優惠
鯨魚觀看 5月-11月	地球小時 3月	威尼斯 3月-6月	雪梨皇家復活節秀 3月-4月	禮券 線上訂購 & 保存

第二節　酒單與甜點單

一、酒單

酒水的販賣相較於菜餚，能為餐廳帶來更高的利潤。酒水的利潤在餐廳經營中占的比重約為30%-40%，有些利潤可達50%-70%，甚至在一些高級飯店與餐廳的酒水利潤空間更大，可達百分之百。

在西方國家，餐與酒的搭配是常態，因此酒類項目的選項內容常常是獨立於一般菜單之外，稱為酒單（wine menu）。一份成功的酒單設計該注意哪些項目？內容該如何規劃才能達到行銷的最大可能性？以下有詳細的說明（Mohrman）：

(一)基本葡萄酒單設計

　　一般酒單的設計風格多呈現簡樸風，背景顏色則適合選擇一個大膽、低調的背景顏色，如最為普遍採用白紙黑字作為酒單的基本款。餐廳的名稱和代表圖案也可放在菜單封面，以強化餐廳品牌。設計酒單時可使用一種或兩種標準字型，採用稍大、加黑的粗體字來作為葡萄酒類別的標示，並用一般字體作為葡萄酒的描述文字。

圖4-15　Three Blue Ducks餐廳的酒單封面設計簡單大方

圖4-16　Otto餐廳的酒單封面與菜餚菜單（圖2-4）設計一氣呵成

圖4-17　澳洲塔斯馬尼亞的Blue Eye餐廳之酒單封面呈現低調的簡樸設計

(二)酒單的分類

　　一般酒單的標準順序與點菜菜餚的順序或搭配有明顯的關聯，一般會先列出香檳（champagne）或氣泡酒（sparkling），接續是白酒（white wine）、紅酒（red wine），然後是威士忌（whiskey），最後是甜點酒。但若餐廳有提供甜點菜單，甜點酒則會放在甜點菜單內。

　　酒單內也會標示當地特產的酒，鼓勵客人品嚐。如在蘇格蘭愛丁堡的餐廳，即可發現酒單中的極大比例品項是威士忌，而非葡萄酒，便明顯看出當地的產酒或是飲酒文化。

　　由於世界各地均有產酒，該販賣何種品牌或是產地國家的酒，加上餐廳若推出類似品嚐菜單（tasting menu）的菜色，即需要推薦提供能搭配每道菜餚的酒（pairing wine），因此酒單販賣品項應該由專業的主廚、經營者與侍酒師一同討論與確認。

　　表4-2舉例比較三家不同國家之西餐餐廳的酒單類別，供讀者參考。

(三)分類的順序

　　大部分的餐廳之酒單分類會依照菜餚的用餐順序，進而安排酒單的分類順序。但也有部分餐廳順序是依照價格來區分，或是將餐廳的自有品牌的酒（House wine）放在首選、明顯的位置。高級餐廳則會另外將稀有

表4-2　三家西餐廳的酒單分類比較表

	Blue Eye海鮮餐廳	GOMA藝術餐廳	The Castle Arms
酒單類別 / 品項數量	1.香檳或氣泡酒 / 7 2.白葡萄酒 / 26 3.玫瑰&甜點酒 / 8 4.紅葡萄酒 / 17 5.碳酸飲料 / 7 6.雞尾酒&烈酒 / 10 7.塔斯馬尼亞（當地產）琴酒＆威士忌 / 9 8.蘋果酒＆薑汁啤酒 / 7 9.啤酒 / 6	以杯計價 1.香檳或氣泡酒 / 4 2.白葡萄酒 / 5 3.玫瑰酒 / 1 4.紅葡萄酒 / 5 5.甜點酒 / 6 6.蘋果酒＆啤酒 / 9 以瓶計價 1.氣泡酒 / 6 2.香檳 / 7 3.白葡萄酒 / 25 4.玫瑰酒 / 4 5.紅葡萄酒 / 28 6.甜點酒 / 6 其他 1.雞尾酒 / 4 2.烈酒 / 6	1.葡萄酒 / 7 2.啤酒 / 11 3.蘋果酒 / 1 4.烈酒 / 7 5.雞尾酒 / 4 6.綠色雞尾酒（midori cocktail）/ 4 7.咖啡酒 / 4 8.熱飲 / 5

資料來源：筆者整理。

的年份、珍貴的或是本地產酒進行分類。

(四)酒類品項的說明

　　酒單上的每個酒類品項說明是引導客人進行點購的重要途徑。一般酒單的葡萄酒均會提供年份與產地之基本資訊。

　　一般的客人大多較不清楚葡萄酒的顏色、單寧，或是含有其他水果的味道，但他們較關心的可能是酒的味道，如甜味（sweet）或是澀味（dry）等口感，或是個人對於產地的偏愛。提供的說明內容若能實際符合顧客的資訊需求，容易讓顧客進行選購。

WINES

SPARKLING

	Gls	Btl
Prosecco Valdo Quintini NV	11.5	
(200 ml) Veneto, Italy		
42° South Sparkling, Cambridge, Tas	10.5	46.5
Delemere Sparkling Rosé	11.5	52.5
Pipers River, Tas		
Arras Brut Elite Cuvée	13	60
Pipers River, Tas		
Bream Creek Sparkling		55.5
2011, Bream Creek, Tas		
Apogee Deluxe Vintage Brut		65
2014, Lebrina, Tas		
Gosset Champagne Brut Excellence		110
Aŷ, France		

WHITE

	Gls	Btl
Josef Chromy Pepik Sauvignon Blanc	7.5	
2016, Relbia, Tas		
Bream Creek Sauvignon Blanc	10.5	46.5
2016, Bream Creek, Tas		
Gala Estate Sauvignon Blanc	11.5	52.5
2018, Cranbrook, Tas		
Clemens Hill Fumé Blanc		48.5
2016, Cambridge, Tas		
Domaine Christian Salmon Sancerre		60
2017, France		
Levantine Hill Melange Traditionnel		80
Blanc, 2014, Yarra Valley, Vic		
Canti Pinot Grigio, 2016, Veneto Italy	8.5	38.5
Bream Creek Pinot Grigio	10.5	46.5
2017, Bream Creek, Tas		
Ghost Rock Pinot Gris	11	48.5
2018, Northdown, Tas		
Derwent Estate Pinot Gris	12	55.5
2018, Granton, Tas		
Domaine Zind Humbrecht Pinot Gris		55.5
2016, France		
Grey Sands Pinot Gris		65
2015, Glengarry, Tas		

WHITE

	Gls	Btl
Milton Riesling, 2017, Swansea, Tas	9.5	43.5
Dr Burklin-Wolf Riesling	10	44.5
2016, Pfalz, Germany		
Bream Creek Riesling	10.5	46.5
2017, Bream Creek, Tas		
Pooley Riesling, 2018, Richmond, Tas	12	55.5
Pressing Matters Riesling R9		55.5
2016, Tea Tree, Tas		
Alcorso Riesling, 2011, Newstead,		65
Tas		
Grosset Polish Hill Riesling		70
2017, Clare Valley, SA		
Moorilla Cloth Label White		100
(field blend), 2014, Berriedale, Tas		
Storm Bay Unwooded Chardonnay	9.5	43.5
2017, Cambridge, Tas		
Bream Creek Chardonnay	11	48.5
2017, Bream Creek, Tas		
Bay of Fires Chardonnay	14	65
2017, Pipers River, Tas		
Serafino Sharktooth Chardonnay		60
2016, SA		
Apsley Gorge Chardonnay		75
2016, Bicheno, Tas		
Tolpuddle Chardonnay		80
2017, Richmond, Tas		
Levantine Hill Katherine's Paddock		125
Chardonnay, 2016, Yarra Valley, Vic		

ROSÉ + DESSERT

	Gls	Btl
Carlos Serres Rioja, 2016, Spain	8.5	
Bream Creek Pinot Rosé	10.5	38.5
2017 Bream Creek, Tas		46.5
Delemere Rosé	10.5	
2018, Pipers Brook, Tas		46.5
Levantine Hill Rosé		
2017, Yarra Valley, Vic		48.5
Bream Creek Late Picked	7.5	30
Schönburger, 2016, Bream Creek		
Craigow Dessert Riesling, 2015	7.5	30
Pressing Matters R139 Riesling, 2016	9.5	38

BLUE EYE

圖4-18　Blue Eye海鮮餐廳的酒單內容

DRINKS

RED

	Gls	Btl
Hughes + Hughes Pinot Noir	11	50
2018, Flowerpot, Tas		
Bream Creek Pinot Noir	11.5	52.5
2016, Bream Creek, Tas		
Clemens Hill Pinot Noir	12.5	55.5
2016, Coal River Valley, Tas		
Laurel Bank Pinot Noir		48.5
2016, Granton, Tas		
Kelvedon Pinot Noir		55.5
2016, Swansea, Tas		
Small Island Pinot Noir Black		60
2017, Battery Point, Tas		
Levantine Hill Estate Pinot Noir		80
2013, Yarra Valley, Vic		
Serafino Reserve Grenache		55.5
2014, McLaren Vale, SA		
Kalleske Clarry's GSM		44.5
2018, Barossa, SA		
Nocton Merlot, 2017, Richmond, Tas	11	48.5
Bream Creek Cabernet Merlot	11	48.5
2013, Bream Creek, Tas		
Craigie Knowe Cabernet Sauvignon	14	65
2015, Cranbrook, Tas		
Fowles The Exception Cabernet Malbec		75
2012, Strathbogie, Vic		
Shaw + Smith Shiraz	13	60
2015, Adelaide Hills, SA		
Grant Burge Balthasar Shiraz		65
2015, Barossa, SA		
Levantine Hill Estate Syrah		80
2014, Yarra Valley, Vic		

SOFT DRINKS

Gillespie's Ginger Beer	6
Lemon, Lime Bitters, Lemon Squash, Lime, Pink Grapefruit, Raspberry, Blackcurrant, Lemonade, Ginger Ale	5
Coca-Cola, Coca-Cola No Sugar	5
Noah's Juices: orange, apple, guava, mango, tomato, cranberry	6
Milk Shakes: chocolate, strawberry, caramel, vanilla, milo, iced coffee	8

COCKTAILS/ SPIRITS

Aperol or Campari Spritz	13.5
Pink Flamingo, Tequila, pink grapefruit, lime	13.5
Sloe Gin Fizz, sparkling wine, bitters	13.5
Splendid Summer Cup 'Pimms'	15.5
Sangria, rose rioja, brandy, orange, mint	15.5
Bloody Mary, vodka, tomato juice, tabasco	15.5
Spiced Rum + Pineapple Mojito	15.5
Cosmo, vodka, Cointreau, cranberry juice	15.5
Gin or Vodka Martini, green olive or twist	19.5
Espresso Martini, vodka, kahlua, coffee	19.5

TASMANIAN GIN + WHISKY

Broken Spectre Gin for Tonic, Battery Point	12.5
Nonesuch Dry and Sloe Gin, Dodges Ferry	12.5
Poltergeist Dry or Unfiltered Gin, Pontville	12.5
Splendid Gin, Cranbrook	12.5
Dasher + Fisher Ocean/Meadow/Mountain, Devonport	12.5
Overeem Single Malt, Port Cask, 43%	19.5
Hellyers Road Peated Single Malt, Burnie	15.5
Lark Distillers Edition / Cask Strength	35
Lark Classic Single Malt, Hobart	25

CIDER + GINGER BEER

Willie Smith's Organic Apple Cider	9.5
Bruny Island Cider	9.5
Lost Pippin Wild Cider	9.5
Simple Cox's Orange Pippin Cider	9.5
Simple Cherry Cider	9.5
Frank's Summer Pear	9.5
Gillespie's Alcoholic Ginger Beer	8

BEER

On Tap:	
Moo Brew Pilsner	9.5
Shambles Porter	9.5
Moo Brew Mid Strength	9.5
Bottled beer: Moo Brew Dark Ale	10.5
Asahi, Peroni, Crown Lager, James Boags Premium and Cascade Pale Ale, Cascade Export Stout	9
Cascade Draught, Light, XXXX Gold, Blonde	7.5

BLUE EYE

（續）圖4-18　Blue Eye海鮮餐廳的酒單內容

TT ESPRIT PIERRE GAGNAIRE
Printemps | 1 |

Gelée de poissons de roche, rouget au piment fumé du Béarn,
bettes de mer et cristes marines.
Murex, Liebig de colinot, fanes et navet glaçon.
Pascaline, cresson.

Côte de romaine :
Huître Legris, amandes coquillages, tourteau, foie gras de canard poché ;
champignons rosés.
Rattes de Noirmoutier aux algues sauvages des côtes du Croisic.
Sirop de betterave rouge à la morue.

Turbot de ligne rôti à l'arête, laqué de cidre d'Eric Bordelet, radis ;
fèves, petits pois, Cantal entre-deux.
Bouillon Zézette.

Féra du Lac Léman et écrevisses pochées au Savagnin ;
beurre noisette à la réglisse ;
frégola, jeune fenouil | graines de fenouil sauvage.

Asperge blanche, asperges vertes, quenelle Ranavalo ;
morilles fraîches hachées au curry doux, lardo con magro ;
suc d'orange.

Quasi, caillette, rognon et cuir de veau fermier –
mousseline de carotte à l'argouse, oignons fanes, tiges de rhubarbe.
Laitue farcie d'aubergine, infusion d'olives noires à l'ail des ours.

Le grand dessert.

Nos sommeliers, Patrick Borras et Damien Hervé peuvent vous proposer un
accord mets et vins tenant compte de vos goûts.　　　135 €

310 € Prix net (boissons non-incluses)

圖4-19　法國米其林三星餐廳Pierre Gagnaire的品嚐菜單之內容，菜餚為135歐元，但若加上pairing wine則整套套餐為310歐元

二、甜點單

　　在中餐的餐飲市場，甜點一直是屬於一般綜合菜單的附屬品項，甚至有些中餐廳並不提供甜點。但在西餐文化，甜點是正式餐點的一部分，甚至有些高級西餐廳專聘甜點師傅來負責甜點的設計與製作，也讓甜點在西餐廳越受到重視，甚至菜單也獨立出來，稱之為「甜點單」（dessert menu）。

　　英國知名美食作家Joanna Wood根據與三位英國甜點主廚的採訪，歸

納、建議以下甜點菜單設計的方向：

(一)基本原則

1. 數量：甜點單上的品項數量不需要太多，五至六道甜點的選項已經足夠。
2. 品項：需要請專業甜點師傅針對餐廳的主要菜餚，設計可以搭配的甜點。
3. 口味：思考客人喜歡的口味，如巧克力是必須考慮使用的材料之一，可製作像是巧克力塔、巧克力慕斯或是巧克力鬆餅。
4. 溫度：可針對溫度的特點來設計甜點。例如夏天可以賣清爽的熱甜點，冬天則反而賣冷甜點。
5. 搭配：可考慮水果的季節性來搭配甜點，或是與冰淇淋進行適當組合。

(二)固定的菜單

1. 以奶油（custard）為基礎的甜點，可以加入水果或堅果調味，如烤布蕾（brûlée）或是義大利奶酪（panna cotta），這類甜點雖然以乳品為基礎，但在用餐結束後很適合食用。
2. 考慮設計一個健康、可減少堵塞動脈的甜點，即提供客人含糖量低、健康的食材之甜點。
3. 利用季節食材吸引客人點購，如秋天可以選擇蘋果，夏天則是杏桃（apricots）或桃子（peaches），夏末和秋天則有無花果（fig）的選擇。另外夏天也可以增加雪酪（sorbet）和冰淇淋的供應。

(三)菜色彼此間的平衡

菜單內容彼此之間都需要取得平衡，指的是在開胃菜、主菜和甜點之間，在冷熱、各種成分之間取得平衡。

Life is uncertain, eat puddings ...
All £6.95

- Damson Gin Crème Brulee, creamy & delicious, served with plum & damson ice cream and homemade shortbread
- Cartmel Sticky Toffee Pudding, Made locally at the Cartmel Village Shop, this rich pudding is a regional treasure!
- Raspberry, Rhubarb & Custard Eton Mess, whipped cream, crushed meringue, custard, stewed rhubarb and fresh raspberries
- Lemon Curd & Blueberry Cheesecake, served with ice cream
- Summer Fruit Knickerbocker Glory, layers ice cream & fresh fruits topped with whipped cream
- Chocolate Brownie & Banana topped Belgium Waffle finished with caramel sauce and served with ice cream

圖4-20　英國Masons Arms餐廳的甜點菜單提供六個選項

資料來源：https://www.masonsarmsstrawberrybank.co.uk/masons/puddings-coffees/

DESSERT MENU	
POACHED PEAR WONTONS – crisp fried wontons filled with spiced poached pear, served with warm caramel sauce, roasted macadamias	14.5
STICKY DATE PUDDING – individual sticky date pudding, house butterscotch sauce, local cassata ice cream	14.5
CARAMEL, APPLE AND LEMONGRASS STEAMED PUDDING – vanilla bean anglaise, pickled ginger and chilli syrup	14.5
MANGO AND WHITE CHOCOLATE CHEESECAKE – mango coulis, fingerlime sour cream, salted cashews	14.5
CHOCOLATE CAKE – warm, flourless chocolate cake, raspberry coulis, chocolate fudge, rum and raisin ice cream	14.5
DESSERT WINE	
Frogmore Creek Iced Riesling, TAS	
Campbells Muscat, VIC	
Bottle 40　OR　Glass 12	

圖4-21　澳洲La Vida餐廳之甜點菜單提供五項選擇與甜點酒

資料來源：http://www.lavidarestaurant.com.au/menus/desserts-menu

也可以根據餐廳的風格來設計甜點，甚至在試吃甜點時，應該先吃菜單上的主菜，然後再問問自己「會想吃什麼樣的甜點」，便能夠清楚知道何種的搭配是最為適合的。

第三節　其他類型的菜單

一、兒童菜單

外出就餐是人們的休閒活動之一，這也包括兒童族群。在現代社會，隨著孩子們因外出飲食的經驗而對飲食的整體體驗有了更多的認識後，餐廳經營者也開始注意他們在吃飯的時候會說些什麼，兒童的偏好也會影響大人在挑選餐廳的選擇，兒童餐飲市場也愈形重要。這是為什麼不僅僅是速食店有提供兒童餐，許多餐廳也試圖為這些年輕客人特別設計一套菜單。

設計兒童菜單與一般菜單不同，因為設計者需要利用更多的顏色，並為吸引兒童客人的注意力而加入更多有趣的元素。以下為幾項設計兒童菜單可考慮的元素（Uprinting, 2010）：

1. 照片：在兒童菜單上以照片來說明菜餚名稱是一個最常使用的方式，這些年輕的客人在閱讀能力尚未養成前，圖片可以引導他們想要選擇的食物。

2. 顏色：兒童菜單應充分利用顏色，因為孩子們通常喜歡豐富多彩的事物。

3. 搭配活動：安排任何活動都能夠吸引小朋友的目光。提供著色頁、迷宮等簡單的活動，對於小孩子來說很有吸引力。甚至可以在兒童菜單中進行特殊設計（如遇水可顯示文字等），像是施以魔術之類

的遊戲，都可以給小朋友帶來驚喜。

4.設計吉祥物：如果餐廳本身擁有代表餐廳的吉祥物，可以在菜單中以漫畫或故事來帶出這個可愛的吉祥物。這些在餐廳的有趣故事會讓孩子們跟他們吃飯的經驗連結，而留下對餐廳的深刻印象。

圖4-22　兒童菜單看起來較為活潑，能吸引兒童的目光與興趣

圖4-23　美國的diner248餐廳提供的兒童菜單

圖4-24　雙聖餐廳利用兒童餐進行行銷

兒童菜單──機上的美味佳餚

　　我們的兒童菜單提供小朋友們期盼已久的各式美食。這是因為小朋友們可任意挑選由我們精心烹製的美味佳餚，例如「烏龜鬆餅」，「Lu最愛的千層面」或「木乃伊小香腸」──這些菜餚不僅造型有趣，還非常可口。作為餐食測評的其中一環，兒童評審團選擇了德國廚師Cornelia Poletto精心創作的美味菜餚，我們將陸續把這些精美菜餚收錄至兒童菜單。

Cornelia Poletto 的美味兒童菜單

　　我們的兒童菜單由頂級廚師Cornelia Poletto精心定製。Cornelia 對兒童烹飪充滿熱情和興趣。作為阿爾托納兒童醫院的贊助人，她經常與那裏的小朋友們一起做飯。

　　慈善基金會Lawaetz-Stiftung和Cornelia Poletto成為漢堡Lurup區學生的食譜項目贊助人：「沒問題，我們能烹煮美味菜餚！」 除此之外，Cornelia還與德國《漢堡晚報》合作，針對「學校食堂測試」這一大型項目，參觀了多所小學、初級中學和綜合學校，並擔任Billebogen漢堡區美湯節的評委。

資料來源：漢莎航空官網，https://www.lufthansa.com/ng/hk/childrens-menus-on-board

二、素食或無麩質等菜單

　　有消費者因為宗教因素、生態環保概念，或是身體本身的過敏體質等，需要選擇與一般消費者不同的飲食內容，如素食、回教清真餐或是無麩質飲食等，有一些餐廳專門針對這些特殊的餐飲市場提供餐飲服務，如

素食餐廳或回教清真餐廳。但一般餐廳為吸引絕大多數的消費者，也會選擇提供少數的選項供應這些特殊消費者的需求。

　　一般餐廳常會提供以上提到的特殊飲食，並利用特殊符號置入菜單內，如V（vegetarian或是vegan）可能是素食或是素食主義，視餐廳詳細的標示說明；GF（gluten free）指的是無麩質飲食；DF（diary free）則指的是不含乳製品類食物。GF與DF都與過敏原有關係，甚至在國外有許多人對於花生的過敏問題也很嚴重，因此在提供消費者這類的食物均須特別小心。

圖4-25　V代表素食，#則是無麩質飲食

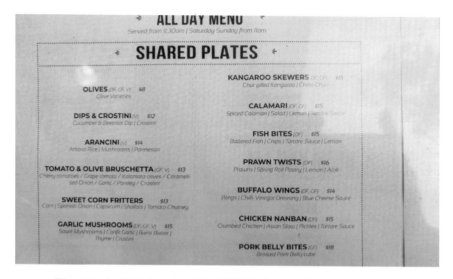

圖4-26　V為素食，GF是無麩質飲食，DF是不含奶類成分

圖4-27　菜單上特殊飲食代碼（DF、GF、V）之說明

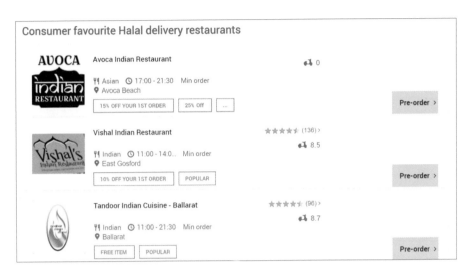

圖4-28　Menulog外送服務之網路菜單也有回教餐的選項

三、食物模型的展示菜單

　　有些餐廳選擇將餐廳販賣的商品在餐廳門口櫥窗內以食物模型（food model）進行展示，讓客人在進入餐廳門口前就能知道食物成品的外觀與價格，我們稱這類的櫥窗展示為食物模型的「展示菜單」（display menu）。

　　食物模型的展示菜單源自日本，約在1931年的日本，當時餐廳多以食物的實體作為展示，但都不耐久放而需丟棄，原本經營便當店的岩崎瀧三發現了這個商機，於是在1932年成立了「食品模型岩崎製作所」，做出第一個食物模型——蛋包飯。當時岩崎為了打開銷路，推出了「租賃制」，店家只需付實物價格的十倍，就可以租用食品模型一個月，果然讓當時擺出食品模型的店家銷售額大增，也開啟食物模型的市場。利用食物模型來展示菜單內容有以下的優點：

(一)呈現食物的真實樣貌

雖然食物模型僅能呈現食物的外貌,但如果技術精細,加上顏色搭配考究,擺盤美觀大方,反而更能襯托出食物完美的一面,吸引顧客購買。加上一字排開的菜色展示,讓客人有多樣的選擇,一目瞭然,容易作出選擇,決定購買者的立場。

(二)節省大量廣告成本

在餐廳的食物模型展示也有廣告的效果,具有時尚性,客人容易從很遠的地方被食物模型吸引而走進店內。

圖4-29　放在餐廳門口的展示菜單,採仿製相同的食物外觀,吸引消費者停留觀看

圖4-30　菜單以食物模型展示，容易讓消費者明瞭食物之內容

(三)節省能源

　　如果餐廳採用菜餚真品進行展示，為了食物保鮮與顏色的維持，需要置於有冷藏設備的櫥櫃，耗費能源。採用食物模型，不但可以節約能源，而且產品本身「永久鮮度展示」的特點較能刺激消費者食欲。一般模型能耐用五至十年，從節能環保的角度上來看都是優點。

　　一般而言，販賣便當、套餐的餐廳最適合採用食物模型的展示菜單，因為消費者容易辨識可能會消費的商品與價格，採用單點方式點餐的餐廳或是高級餐廳較不適宜。

參考資料

中文資料

「吃不飽怎麼辦？關於飛機餐的那些事」，《大紀元》，2018.11.23，第456期。

張原彰（2018），〈全台首創米其林飛機餐 6道菜看這裏〉，《大紀元》，2018.05.25。

網路資料

A Brief History of the Cruise Ship Industry..., https://www.cruiselinehistory.com/a-brief-history-of-the-cruise-ship-industry/，2019年4月30日瀏覽。

What to Expect on a Cruise: Cruise Ship Food, https://www.cruisecritic.com.au/articles.cfm?ID=1169，2019年4月30日瀏覽。

https://www.qantas.com/au/en/qantas-experience/onboard/inflight-dining/international.html，2019年4月30日瀏覽。

How do Cruise Ship Chefs create a Menu, http://www.acclaindia.com/success-stories/cruise-ship-chefs-create-menu/，2019年4月30日瀏覽。

https://www.amtrak.com/meal-choices-and-menus-at-a-glance.

Emirates in-flight menu takes 8 months of planning, https://gulfnews.com/business/aviation/emirates-in-flight-menu-takes-8-months-of-planning-1.1318487，2019年4月29日瀏覽。

Jon Mohrman, Layout and Design Tips for a Wine List, https://www.musthavemenus.com/guide/menu-basics/wine-list-design.html，2019年4月30日瀏覽。

JOANNA WOOD (2009), How to plan a dessert menu, https://www.thecaterer.com/articles/329110/how-to-plan-a-dessert-menu，2019年4月29日瀏覽。

http://www.lavidarestaurant.com.au/menus/desserts-menu，2019年5月1日瀏覽。

https://www.masonsarmsstrawberrybank.co.uk/masons/puddings-coffees/，2019年5月1日瀏覽。

Sanya Nayeem(2014), Emirates in-flight menu takes 8 months of planning, https://gulfnews.com/business/aviation/emirates-in-flight-menu-takes-8-months-of-planning-1.1318487，2020年10月1日瀏覽。

Uprinting (2010), https://www.uprinting.com/blog/restaurant-menu-ideas-for-kids-tips-for-kid-friendly-designs/，2020年10月1日瀏覽。

Chapter 5

非商業菜單的種類(一)

　　本章將以非商業經營的餐食規劃，包括國宴與政治宴席、醫院的病人餐點、學校的營養午餐與寄宿學校的三餐安排等，介紹其菜單與規劃過程所應注意的事項。

第一節　國宴、政治宴席菜單

　　根據Collins字典的定義，國宴（state banquet）指的是針對國家元首所安排的正式宴席。國宴可以選擇在國家元首的官邸舉行，也可以選擇在較正式的宴會場合，一般是為增進東道國與外國元首的國家之間的外交關係，包括友邦國家彼此間的互訪、外交會議、新任總統就職等場合所創造出來的宴會機會。

　　國宴通常因兩種理由而設宴款待：一種是國家元首或政府首腦因為國家慶典、新年賀喜，或是特殊傳統節日而招待各國使節或各界知名人士的宴會；另一種是國家元首或政府首腦為來訪的外國領導人或世界名人舉行的正式歡迎宴會（卓文倩，2005）。規劃國宴菜單應考慮以下因素：

一、主人（國家元首）的個人喜好

　　負責國宴的主廚在規劃菜單之時，首先會先考慮到主人（國家元首）的個人偏好。如在1900年元旦，義大利國王翁貝托一世（King Umberto I）在羅馬奎里納宮（Quirinale Palace）舉行的新年宴會，為皇家客人們提供了烤孔雀大餐。其中一道清湯（consommé），則是以翁貝托國王的妻子瑪格麗塔女王（Queen Margherita）名字來命名，充分表現出國王個人的需求或偏好。

圖5-1　1900年義大利新年國宴菜單，其中清湯（consommé）是以翁貝托國王的妻子瑪格麗塔女王（Queen Margherita）名字來命名

資料來源：https://www.royal-menus.com/royal-menus--king-umberto-i-of-italy---

二、主人（國家元首）的族群背景

　　有時國宴菜單的菜色也反映出國家元首的族群背景。在本書第一章〈緒論〉中曾提到蔣中正先生的國宴菜單，也是台灣第一位總統舉辦國宴，這份國宴菜單明顯反映蔣中正先生在江浙地區的生長背景。由於蔣中正與蔣經國先生的祖籍在浙江省，喜愛江浙菜的偏好也明顯表現在國宴菜單的安排上。另外，陳水扁總統第一任的就職國宴菜單特別安排台南小吃的碗粿與虱目魚丸等菜色，也可看出他在台南出生的本省人背景。

三、宴請之對象

　　若是國宴是特別安排歡迎某國的國家領袖來訪，則會特別考慮到對方的背景。在2018年10月，英國女王為荷蘭王室成員舉辦了一場奢華的晚宴，查理斯王子、威廉王子和夫人凱特，以及首相特雷莎・梅均出席了晚

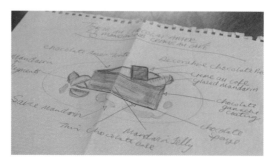

圖5-2　英國女王之國宴──特別設計巧克力橙塔來歡迎荷蘭王室
資料來源：ROYAL FAMILY TWITTER

宴。這場國宴的重頭戲主要在甜點特別的設計。由於荷蘭王室被稱為奧蘭傑－拿索（Oranje-Nassau），因此甜點選擇了柳橙（orange）為主題設計的巧克力橙塔（chocolate orange torte），將甜點的柳橙味道與該王室的名字進行連結，進而表示歡迎荷蘭王室的到訪。

四、賓客之宗教與種族背景

由於國宴常宴請邦交國領袖，世界各國的宗教所規定的飲食限制或是該族群的飲食習慣，都是國宴在規劃時會遭遇到的挑戰。例如回教徒禁食的「豬肉」，一般不會出現在國宴的餐桌上。

以中國大陸領導人習近平與亞洲國家領袖在2014年舉行的國宴為例，很明顯地考量到這些外賓的宗教與種族背景。人民大會堂的西方美食行政總廚徐龍表示：「國宴上的菜餚通常味道較為清淡，讓餐桌上的客人都能接受。另外也需考慮客人的宗教和種族，以及個人喜好。以這次的國宴菜單來分析，中菜食材如魚、亞洲松茸等，多可被外賓廣泛接受；肉類則採雪花牛肉，煎炸和燉煮之烹調都可增加味道；而乾煎干貝與澳洲堅果的結合，呈現了堅果的脆味和煎炸的嫩味；豬肉則因宗教因素，被排除在菜單的菜色規劃上。」可見中西餐的相互應用是在亞洲國家最常規劃的國宴內容。

專欄

蔡英文就職國宴　濃濃台灣味

　　蔡英文總統就職國宴今晚在萬豪飯店舉行，政論節目主持人彭文正搭配知名旅遊節目主持人Janet主持，家家獻唱。料理主打在地和當季食材，台酒玉山陳高瓷瓶款當贈酒，濃濃台灣味。

　　據中央社報導，總統就職晚宴今晚總計一千一百多人參加，其中外賓約三百多人、僑胞四十人，其餘皆為內閣官員和社會人士。

料理主打在地和當季食材

　　總統就職國宴菜色設計從「在地」和「得時」出發，要讓國宴貴賓品嚐台灣在地當季的好食材、好滋味，八道菜色全部使用來自台灣各縣市食材，且賓客當日拿到的國宴菜單上將有「產銷履歷QR CODE」。

　　前菜三小盤為雲林刺蔥帝豆、梅汁大甲芋頭、醋漬木耳蓮藕。主菜第一道迎賓盤「福爾摩沙之春」、第二道「蔥蒜蒸龍蝦」、第三道「爐烤快樂豬」、第四道「百合有機綠時蔬」、第五道「樹子蒸龍膽」、第六道「客家炒粄條」、第七道「錦繡菊花雞湯」、第八道「花園寶島繽紛盤」。餐後飲品則選擇新竹北埔的東方美人茶及雲林古坑的有機咖啡，展現台灣特色。

資料來源：《大紀元》，2016年05月20日，http://www.epochtimes.com/b5/16/5/20/n7913248.htm

五、當地食材之應用

　　承襲陳水扁於2004年第二任國宴菜單的特色——由地方特色食物組合而成，馬英九與蔡英文總統亦都蕭規曹隨，之後的三任國宴菜單同樣都以各地方食材為國宴設計主軸。**圖5-3和5-4**為蔡英文總統在2016年就職總統的國宴菜單之中英文內容。

中華民國第十四任

總統．副總統就職國宴菜單

前菜
剝蔥帝豆／梅汁大甲芋頭／醋漬木耳蓮藕

野生刺蔥，雲林縣桐鄉大美村／農友 陳喆彥
芋頭，台中市大甲區／蔬菜產銷班第 12 班
木耳，嘉義縣中埔鄉社口村／岨嶺農場

福爾摩沙之春
春筍／淡菜海鮮凍／燻雞／水蜜桃佐檸檬醋醬／山藥

綠竹筍，新北市五股區／農友 吳國池、台南關廟／果菜生產合作社
黑羽雞，苗栗縣後龍鎮／標裕牧場
水蜜桃，高雄市那瑪夏區／果樹產銷第一班暨第四班

蔥蒜蒸龍蝦
三星蔥／蒜頭／龍蝦

三星蔥，宜蘭縣三星鄉／蔥滿理想農場 農友 林東海
龍蝦，澎湖海域／全興水產

爐烤快樂豬 或 香煎羊小排（不吃豬肉之賓客）
快樂豬／洋蔥／馬告／枯醬

快樂豬，雲林縣斗六市／三源畜牧場
馬告，南投縣埔里鎮／婆廷農場

百合綠時蔬
百合／花椰菜／紫玉米／甜玉米

百合，花蓮縣壽豐鄉／江玉寶生態農場
甜玉米、紫玉米，雲林縣虎尾鎮／鮮綠農產

樹子蒸龍膽
樹子／龍膽石斑

龍膽石斑，屏東縣枋寮鄉／龍佃海洋生物科技公司

客家炒粄條
段木香菇／粄條

段木香菇，桃園市復興區霞雲村／農友 田金豐
粄條，苗栗縣後龍鎮／栗園米食

錦繡菊花雞湯
雞肉／豆腐

桂丁雞，南投縣信義鄉／農友 全慶雄

花園寶島繽紛盤
黑糖粿／金鑽鳳梨酥／烏龍茶馬卡龍／牛軋糖／芝麻巧克力／桐花綠豆糕
燕巢芭樂／金鑽鳳梨／西瓜／木瓜牛奶冰淇淋

珍珠芭樂，高雄市燕巢區／青隆果菜運銷合作社
華寶西瓜，花蓮縣鳳林鎮／中心埔蔬果運銷合作社

飲品
東方美人茶 或 古坑咖啡

有機咖啡，雲林縣古坑鄉華山村／農友 劉慶松
東方美人茶，新竹縣北埔鄉／農友 彭國澤

精選紅白酒
紅酒，J. Lohr South Ridge Syrah 2013
白酒，Miguel Torres Chile Santa Digna Chardonnay 2014

圖5-3　蔡英文總統就職國宴中文菜單
資料來源：中華飲食文化圖書館

Menu for 14th Presidential and Vice Presidential
Inaugural State Dinner of the Republic of China (Taiwan)

Appetizers

Lima beans with ailanthus prickly ash / Dajia taro with plum sauce /
Lotus root and cloud ear fungus dressed in vinegar

Wild ailanthus prickly ash from Yunlin / Harvested by Farmer Chen Che-yen
Taro from Dajia District, Taichung / Vegetable Cooperative No. 12
Cloud ear fungus from Chiayi County / Shining Farm

Formosan Spring Platter

Spring bamboo shoots / Mussels with seafood terrine / Smoked chicken /
Honey peaches dressed with lemon vinegar / Chinese yam

Green bamboo shoots from New Taipei City /
Harvested by Farmer Wu Guo-chi and Guanmiao Fruits & Vegetable Cooperative, Tainan
Black-feathered chicken from Miaoli / Bisayu Ranch
Honey peaches from Kaohsiung / Fruit Tree Cooperatives No. 1 and 4

Steamed Lobster with Green Onion and Garlic

Sanxing green onion / Garlic bulbs / Lobster

Sanxing green onion from Sanxing Township, Yilan / Congman Lixiang Farm, Harvested by Farmer Lin Tung-hai
Lobster from coasts of Penghu / Grobest Group Seafood

Oven-Roasted Pork Chop OR Pan-fried Lamb Chops

"Happy Pig" eco-pork / Onion / Maqaw mountain pepper / Tangerine Sauce

"Happy Pig" eco-pork from Yunlin / Sanyuan Pig Farm
Maqaw from Nantou / Yenting Farm

Mixed Vegetables with Lily Bulbs

Lily bulbs / Broccoli / Purple maize / Sweet corn

Lily bulbs from Hualien / Jiang Yubao Ecological Farm
Sweet corn and purple maize from Yunlin / Great Agriculture Products

Steamed King Grouper with Fragrant Manjack Fruit

Fragrant manjack fruit / King grouper

King grouper from Pingtung / Long Diann Marine Biotech

Stir-fried Hakka Flat Noodles

Log-grown mushrooms / Traditional Hakka flat rice noodles

Log-grown mushrooms from Taoyuan / Harvested by Farmer Tian Chin-feng
Flat rice noodles from Miaoli / Li Yuan Rice Products

Chrysanthemum Chicken Soup

Chicken / Tofu

Guiding Chicken from Nantou / Harvested by Farmer Chuan Ching-hsiung

Garden Formosa Mixed Fruit & Desserts Platter

Brown sugar cakes / Golden diamond pineapple cakes / Oolong tea macarons / Nougats /
Sesame chocolate / Tung blossom green bean cakes / Yanchao guava / Golden diamond pineapples /
Watermelon / Papaya milk ice cream

Pearl guava from Kaohsiung / Chanlong Fruit & Vegetable Cooperative
Huabao watermelon from Hualien / Chunghsinpu Vegetable & Fruit Cooperative

Beverages

Oriental beauty tea OR Gukeng coffee

Organic coffee from Gukeng Township, Yunlin / Harvested by Farmer Liu Ching-song
Oriental beauty tea from Hsinchu County / Harvested by Farmer Peng Kuo-mou

Wine

J. Lohr South Ridge Syrah 2013
Mixed Terroir Chile Santa Digna Chardonnay 2016

圖5-4 蔡英文總統就職國宴英文菜單

資料來源：中華飲食文化圖書館

六、國家的代表料理

雖然台灣各界常在討論何種食物可以代表台灣，即所謂的「國家料理」（national cuisine），但仍有許多的爭執而至今尚無定論。但眾多國家均有代表性的料理或是某道國菜（national dish）代表該國的文化與特色，因此在安排國宴時，常會選擇國菜或是國家料理來凸顯地主國的特色。例如：

1. 英國：英國的國家料理為烤牛肉和約克夏布丁（Yorkshire pudding），因此在安排國宴菜色時，這兩道菜常安排在英國的國宴上。

2. 墨西哥：墨西哥人以玉米為主食，國宴也多安排玉米美食，如墨西哥玉米餅（tortillas）或是墨西哥塔可餅（taco）。墨西哥曾推出國宴——「玉米宴」，包括麵包、玉米餅、冰淇淋、糖、酒等，一律以玉米為食材製成。

3. 日本：日本的國菜是生魚片，國宴或平民請客均以招待生魚片為最高禮節。

4. 韓國：狗肉是南北韓的傳統飲食。1970年4月周恩來總理訪問朝鮮時，金日成主席就為他特設了「全狗午宴」款待，強調其民族特色。而南韓的泡菜已登上聯合國教科文組織的食物遺產名單，也成為國宴的重要元素之一。

5. 法國：法國料理遠近馳名，但能代表法國的菜色，有一說是傳統的家常料理——法式燉牛肉（Pot au feu），也有一說指稱是法式焗烤田螺（Escargot grillé à la française）為法國特色料理。這兩道菜餚均常被安排在國宴菜單上。

6. 沙烏地阿拉伯：沙烏地阿拉伯則經常安排烤駱駝（roast baby camel）在重要的宴會場合代表其國家特色菜，而國宴也會適當安

排這類的菜餚登上檯面。

7. 西班牙：西班牙的國菜為海鮮燉飯（paella），此道菜餚常成為政府官員招待外國貴賓的特色料理菜。

專欄 習近平國宴菜單曝光　川普享用五菜一湯

美國總統川普（Donald Trump）今（9）日晚間，受邀參加中共領導人習近平於北京人民大會堂設下的國宴晚會，晚宴菜單被與會的中國企業家流出，這場晚宴共有五菜一湯。

中國小米科技董事長雷軍於今晚參加中國國宴晚會，在中國網路社群平台「微博」中PO出習近平的宴客菜單，除了冷盤、甜點與咖啡之外，共有五菜一湯，分別為椰香雞豆花、奶汁焗海鮮、宮保雞丁、番茄牛肉、上湯鮮蔬、水煮東星斑，席間用酒則為中國河北分別於2009年與2011年出產的「長城乾紅」、「長城乾白」。

從雷軍所PO出的照片可以清楚看見，盤中的餐點疑似為菜單中的冷盤，盤中有兩隻煮熟且剝好的蝦子、水煮蛋、燻鮭魚以及其他三種捲曲狀的水果。這場國宴於晚間六點十分開始，對於受邀出席的男女服裝均有限制，男性必須穿著西裝，女性則必須以長裙入席。

資料來源：《阿波羅新聞網》，2017-11-10。

第二節　學校營養午餐菜單

　　學校餐廳包括中小學的營養午餐以及大專院校等所提供學生用餐的外包式商業型餐廳。在這裏,將針對非商業經營模式的學校營養午餐之菜單與寄宿學校的飲食安排來進行介紹。

一、台灣學校的營養午餐之源起

　　台灣在日治時期即由日人引進營養午餐的觀念,在小學設置營養午餐。根據資料顯示,台灣自1965年開始即有小學自行辦理營養午餐,但絕大多數的學校仍由學生自行攜帶便當或是自行安排午餐需求。直到台北市在1998年公布「台北市國民小學午餐供應實施要點」之後,營養午餐的供應才開始逐漸普及。

二、學校營養午餐之目標

　　國教署於2017年設置「推動學校午餐專案辦公室」,以「安全、營養、健康」為目標辦理學校營養午餐。而擁有百年歷史的日本學校之營養午餐政策,則是依據國家之「飲食相關指導規則」辦理,值得台灣政府學習與參考。其目標包括(陳妙娟,2012):

1.理解飲食的重要性、喜悅及樂趣。
2.於期待增進身心成長及健康上理解營養及飲食之攝取方式,並進而具備自我管理之能力。
3.運用正確的知識及資訊,形成具備對食物品質及安全的自我判斷能力。
4.養成重視食物的習性,進而培育對生產者的感謝之意。

5.藉由飲食及其規範培養人際關係的形成能力。

6.理解各地之物產、飲食文化及相關歷史等，並進而孕育尊重的心態。

三、午餐供應原則

《遠見雜誌》曾在2017年分析日本的營養午餐提到：「日本在二次大戰後，就將辦好教育及國民健康列為是趕上歐美列強的最主要途徑。而將營養午餐當成教育來辦，不但能灌輸小朋友團體責任、服務感恩、愛惜食物、認識食材、環保衛生的觀念，還能顧好國家未來主人翁的健康，可謂一舉數得。」

台灣同樣由教育部來主導學校的營養午餐政策，但在營養午餐的規劃與提供過程，仍欠缺食物教育這一塊。依據教育部101年版的「學校午餐食物內容及營養基準」，學校營養午餐之供應內容有其標準作為菜單設計的參考：

1.全穀根莖類：宜多增加混合多種穀類，如：糙米、全大麥片、全燕麥片、糙薏仁、紅豆、綠豆、芋頭、地瓜、玉米、馬鈴薯、南瓜、山藥、豆薯等。

2.豆魚肉蛋類：

(1)主菜富有變化，不全是雞腿、豬排等大塊肉，盡量少裹粉油炸。

(2)提高豆製品食物，可作為主菜、副菜或加入飯中。

(3)提高魚類（包括各式海鮮）供應，不建議油炸。

(4)盡量不使用魚肉類半成品（各式丸類、蝦卷、香腸、火腿、熱狗、重組雞塊等）。

3.蔬菜類：每日都有兩種以上蔬菜。

4.其他：

(1)公告菜單以六大類食物分量呈現，除了菜名之外，列出菜餚之食材內容（如炒三丁：玉米、紅蘿蔔、毛豆），具教育意義。

(2)菜色（主菜、副菜）有變化，油炸一周不超過兩次。

(3)國民中小學學校午餐供應之飲品、點心應符合「校園飲品及點心販售範圍」之規定，不得提供稀釋發酵乳、豆花、愛玉、布丁、茶飲、非百分之百的果蔬汁等。

(4)避免提供甜品、冷飲，若要提供以低糖之全穀根莖類為宜（如綠豆薏仁湯、地瓜湯、紅豆湯等），且供應頻率一周不超過一次；若為冷飲，注意冰塊衛生安全性。

(5)盡量提供其他高鈣食物，如黑芝麻、豆乾、小魚乾、蝦皮等。

(6)避免使用飽和脂肪酸及反式脂肪酸含量高之加工食品。

由於台灣各級學校沒有強制要求每位學生均要參加營養午餐，而各縣市的地方自治政策亦不相同，所以各校舉行的「營養午餐」實施辦法仍有所差異性。以下分析其內容：

(一)設置廚房

在設置廚房方面，由學校本身視校地的規模大小來決定。若是學校有能力自設廚房，還須協助鄰近數所無廚房之學校供餐；若學校本身無廚房設備，亦無鄰近學校的協助，則挑選適宜的廠商，將營養午餐委外辦理。

(二)收費標準

各縣市收費標準不一，有的是按月計費，亦有按日計算；甚至有少數縣市因縣市長的政治選舉承諾，能夠享受免費午餐，是台灣一個奇特的現象。

圖5-5　大甲國小委託餐盒工廠設計之營養午餐菜單

(三)餐具提供

餐具是否供應也視學校政策而定，但多數仍由學校提供餐盤，而學生每天自行攜帶回家並清洗，少數則由學校全權負責清潔工作。餐具的材質以方便清洗、耐摔的鐵製品為主；若是由學生自行準備餐具，則還有塑膠其他等製品。

(四)菜色口味

學校若有自設廚房，則會聘請營養師設計菜單，以便設計適合學童的營養含量與熱量的食物。基本菜色主要是以米飯搭配三菜一湯，另外會提供水果或甜點，偶爾也會提供西式餐點變化口味。午餐不提供牛奶，若有意願可自行向學校訂購，飲用的時間是上午時段。

有一份針對家長進行對於營養午餐的意見調查顯示，部分家長表示菜色重複性高，學生會希望偶爾能自行攜帶便當以更換口味；也有家長對學校營養午餐的衛生安全存疑，不願意讓小孩食用營養午餐；但仍有家長認同學校的營養午餐政策，因此都願意讓小孩在學校食用營養午餐。

(五)有機營養午餐的推行

農委會近年來與地方政府合作，包括新北市、宜蘭縣、桃園市、台中市、新竹縣、苗栗縣與屏東縣等縣市，開始推動涵蓋有機蔬菜的營養午餐。以新北市為例，自2015年2月新北市政府開始推出「四加一政策」，指的便是新北市中小學校實施一天有機蔬菜、四天供應吉園圃蔬菜之意，並自2015年9月份起全市280所中小學全面實施此政策，讓學童吃得更健康、更安心。

HY 宏遠 107年6月菜單 **麗林國小**

日/星期	主食	主菜	配菜一	配菜二	蔬菜	湯品	
1	櫻花蝦油飯	京醬豬排	鯖魚玉米炒蛋	豆簽絲瓜	安心蔬菜	甜薑雞湯	
4	玉米飯	蠔油香菇雞	毛豆香乾炒肉	鮑菇花椰	安心蔬菜	羅宋湯	
5	白飯	壽喜燒肉	蕃茄炒蛋	櫻花蝦高麗	有機蔬菜	針菇冬瓜湯	
7	焗烤番茄鮮菇螺旋麵	香滷豬排	玉米蝦仁蛋	芹香海帶	安心蔬菜	鮮菇豆腐湯	
8	薏仁飯	白醬椰香燉雞	蘿蔔油腐滷肉	彩繪黃瓜	安心蔬菜	海芽蛋花湯	
11	白飯	茄汁豬排	銀芽炒肉絲	焗烤咖哩洋芋	安心蔬菜	肉骨茶湯	
12	什錦豬肉炒飯	塔香燉雞	炸柳葉魚	雙色花椰菜	有機蔬菜	味噌蛋花湯	
14	胚芽飯	橙汁雞塊	蒸蛋	炒筍絲	安心蔬菜	蘿蔔排骨湯	
15	紫米飯	海帶滷肉	香乾炒肉柳	鮑菇小瓜	安心蔬菜	南瓜蛋花湯	
18	★端午節放假　宏遠餐飲祝您端午節快樂★						
19	焗烤奶醬貝殼義大利麵	梅醬豬排	夯烤蜜地瓜	木耳炒瓜	有機蔬菜	彩頭雞湯	
21	薏仁飯	黑胡椒豬排	泡菜炒什錦	彩頭炒菇	安心蔬菜	玉米濃湯	
22	白飯	梅林醬燉雞	味噌燒魚	絲瓜滑蛋	安心蔬菜	香菇鮮瓜湯	
23	胚芽飯	焗烤咖哩豬	玉米肉茸	玉筍花椰	安心蔬菜	芹香蘿蔔湯	
26	五穀飯	炸鹽酥雞	蒸蛋	鮮炒黃瓜	有機蔬菜	小魚味噌湯	
28	夏威夷鳳梨炒飯	糖醋雞	香菇蒸肉餅	木耳鮮筍	安心蔬菜	冬瓜排骨湯	

健康過端午

粽子選購五大原則
1. 看包裝：檢視選購或包裝上營養標示、優先選擇熱量較低或脂肪較小的粽子。
2. 供食安：挑選是否新鮮且適當處理的粽子，以檢視有無發霉或其他不良狀況。
3. 減份量：限食者可視個人需求選擇份量或油脂的替代，以顧及份量、數量妥用。
4. 選食材：將各類的蔬菜水果，促進腸胃蠕動、增加飽足感。
5. 少沾醬：高鹽高鈉易造成腎臟負擔或者鈉含量，盡量避免沾醬或是醬料等，以免鈉、鹽攝取過量。

圖5-6　麗林國小委託餐盒工廠設計之「四加一政策」營養午餐菜單

Menu Trinity 2019 – Week 1

THE LONDON ORATORY SCHOOL

	Monday	Tuesday	Wednesday	Thursday	Friday
Main Meals	Pork Meatball with Tomato Sauce	Chicken Katsu	Beef & spring vegetables	Roast Chicken Legs	Pasta Bar
	Gnocchi with Spinach & Cream	Cajun Vegetable & Chickpeas	Broccoli & Blue Cheese Quiche	Bruschetta	Leek, Spinach, Salmon & Dill
Pasta Bar	Tomato and Basil	Pesto & Capers	Arrabbiata	Ratatouille	Amatriciana
Side Dishes	Couscous	Rice	Parmentier Potatoes	Chips	Pesto, Bocconcini & Cherry Tomatoes
	Green Beans	Roast Courgettes	Carrots	Broccoli & Cauliflowers	Garlic Bread
	Baked Beans	Baked Beans	Baked Beans	Baked Beans	Baked Beans
Dessert	Lemon Cake	Pineapple Cake	Mixed Berry Cake	Ice Cream	Apple Crumble
	Fresh fruit and yoghurts available daily				

圖5-7　英國的London Oratory school的學校每日菜單

Runcorn State High School
Canteen Menu
2019

Orders are welcome and encouraged before school and at Morning Tea.
Tuckshop Opens at 8am - breakfast menu available on request.

Hot Food Available		Cold Assortment Available	
Chicken Burgers	$4.00	Assorted Sandwiches	From $3.50
Cheese Burgers	$4.00	Assorted Wraps 1/2	$3.50
Hot Dogs	$3.50	Assorted Salads	From $4.00
Beef/Gravy Roll	$3.50	Sushi	$3.00
Chicken Roll	$3.50	Chocolate Muffins	$3.50
Spicy Taco	$3.50	Yoghurt	From $1.50
Sweet Chilli Taco	$3.50	Cut up fruit	From $2.50
Toasted Sandwiches	From $3.50	Assorted Fruit	From $0.60
Toasted Turkish Rolls	From $4.00	**Drinks and Ice Cream Available**	
Pies	$4.50	Tea/Coffee	$2.50
Sausage Roll	$3.50	Slushies	$2.00
Assorted Hot Meals	$4.50	Flavoured Milk	From $2.00
Chicken Fingers	$2.00	Plain Milk	From $1.50
Garlic Bread	$2.00	Juice	From $1.50
Wedges (Bag)	$1.00	Water	From $1.50
Enchiladas	$3.50	Quench	$2.50
Chicken/Beef Noodles	$3.50	Gatorade	$4.00
Sauce	.30	Aloe & Iced Tea	$3.50
Spinach & Cheese Rolls	$3.50	Assorted Ice creams	From $1.00

圖5-8　澳洲Runcorn中學提供的午餐菜單（須自行購買）

Boarding Life - Boarding Menu

We promote healthy living and eating, offering an extensive variety of fresh and healthy meals prepared by our own Chef Lisa and her experienced and dedicated team.

All meals are served in the Dining Room

Breakfast Menu (Cold)

» Cereals – Weetbix, Nutrigrain, Special K & Antioxidant Plus
» Toast – White, Wholemeal, Grain Bread, Fruit Loaf
» Spreads – Honey, Vegemite, Jams
» Fruit – Fresh or tinned.
» Yoghurt – Variety
» Hot Drinks – Tea, Coffee, Milo
» Milk – Full cream, Lite
» Juice – Orange
» Two hot dishes each day.

Morning Tea Menu

» Mini Crudities Plate
» Cheese, Kabana & Crackers
» Muffins – Sweet & Savoury
» Cake
» Biscuits
» Scones with Jam & Cream
» Slices
» Pizza Toppers
» Soup
» Fruit Skewers & Yoghurt

Dinner Menus

Please note the menu below is a sample as the menu changes on a weekly basis

Two nights per week dessert free.

Monday:
Peppered pork with creamy garlic potatoes and crispy noodle salad.
Pavlovas with whipped cream & strawberries.

Tuesday:
Tomato & olive chicken fettuccini with baby spinach & seasoned julienne carrots with broccolini.
Dessert free evening.

Wednesday:
Corned silverside with white sauce, garlic chat potatoes, steamed vegetables.
Creme Brulee.

Thursday:
Pumpkin & Ricotta Ravioli with 3 cheese sauce, caesar salad & garlic bread.
Apple Crumble & Custard.

Friday:
BBQ on the deck – steak burgers with ciabatta rolls and salad selection.
Cookies & cream drumsticks.

Saturday:
Thai green chicken curry with Jasmin Rice and Curried Vegetables.
Fresh fruit salad & Yoghurt.

Sunday:
Lasagne, crispy garden salad and garlic or herb bread.
Dessert free evening.

圖5-9　寄宿學校St, Ursula's College之早餐與點心菜單

圖5-10　寄宿學校St, Ursula's College之晚餐菜單

圖5-11　西班牙的巴塞隆納大學住校學生餐廳之早餐餐點

圖5-12　西班牙的巴塞隆納大學住校學生餐廳之晚餐餐點

四、國外學校餐食之簡介

　　西方國家的營養午餐或是有含三餐的寄宿學校之飲食政策，均依當地的文化、教育方針而有不同。以澳洲為例，中小學會依學校人力決定是否在校內販賣餐食與提供天數，基本上學生仍以自行攜帶午餐為原則。若是寄宿學校，則提供完整的三餐服務，如以St Joseph's Nudgee學校為例，該學校強調校內有自己的專業廚房、餐廳以及四位主廚，所提供的餐食強調營養均衡、豐富菜色；St Ursula's學校則將菜單公布在學校官網上供參考。

　　澳洲大學則多半提供商業型餐廳或是美食廣場供學生選購餐點，住校生可選擇自行在宿舍（一般澳洲大學宿舍均設有廚房）烹煮或是選擇學校安排的三餐服務。

第三節　醫院病人飲食菜單

　　不同於商業型菜單，醫院的菜單設計主要是針對醫院病人的需求而設計，並不以營業、追求利潤為目的，考量病人的年齡、營養需求、所患疾病、飲食禁忌等因素才是主要菜單設計的前提。

　　以下將以英國的Salisbury醫院為例，該醫院營養師在為病人設計菜單即有幾項遵循的原則與目標：

一、原則

　　有效支援病人在醫院期間所需要的營養與飲食需求，讓病人能夠以「吃得好」（eat well）為原則。

二、目標

1.提供開胃、健康和滋補膳食的選擇。

2.用當地供應商／種植者的季節性新鮮食品準備膳食。

3.提供一系列提神飲料，包括淡水。

4.如有需要，提供協助，以選擇和進食膳食。

5.提供尊重多樣性、信仰和文化選擇的膳食。

6.在平靜安靜的環境中提供膳食（免受可避免的干擾）。

三、菜單種類

　　英國Salisbury醫院依據菜單設計的原則與目標進行菜單的安排，考量因素包括病人的年齡、文化背景、所患疾病等進行菜單設計，菜單種類包括：

1.敗血症菜單（neutropenic menu）。

2.兒童菜單（kid's menu）。

3.食物過敏相關菜單〔包括無麩質食物（gluten free）〕。

4.流質菜單（pureed menu）。

5.早餐菜單（breakfast menu）。

6.口感菜單（texture menu）。

7.圖片搭配菜單（pictorial menu）。

8.猶太或清真餐食（kosher and halal meals）。

圖5-13　Salisbury醫院提供搭配圖片菜單，讓病人能夠清晰
　　　　看到餐食的樣貌

Texture E Lunch Menu
Food that is soft and is fork mashable

NHS Salisbury NHS Foundation Trust

D	= Suitable for those with Diabetes
S	= Soft
V	= Vegetarian
G	= Gluten Free

NAME ....

WARD ....

PROTECTED MEALTIMES

| 1 | ☐ Orange Juice | **G V S** | 2 | ☐ Apple Juice | **G V S** |

Texture E = Food that is soft and is fork mashable

3	☐ Lamb Casserole with Minted Potato Mash and Peas	**G D**
4	☐ Savoury Beef with Mashed Potato and Bubble & Squeek	**G D**
5	☐ Chicken Casserole with Mashed Potato & Carrots	**G D**
6	☐ Fish in Cheese Sauce with Mashed Potato & Peas	**G D**
7	☐ Tuna Bake with Potato & Carrots	**G D**
8	☐ Creamed Chicken with Mashed Potato, Bubble & Squeek	**G D**
9	☐ Lentil Bolognaise with Mashed Potato, Carrots & Swede	**G D V**
10	☐ Macaroni Cheese with Musturd Mash, Carrots & Swede	**D V**
11	☐ Vegetable Lasagne with Mashed Potato & Carrots	**D**
12	☐ Beef Bolognaise with Parsley Potatoes & Mushy Peas	**D**

13	☐ Chocolate Mousse	**G V**
14	☐ Fruit Yoghurt	**V**
15	☐ Ice Cream	**V**
16	☐ Rice Pudding	**G V**

☐ Tick Here to see a member of the Catering Team

For Ward Use Only
☐ **Assistance Required**

Texture E Supper Menu
Food that is soft and is fork mashable

NHS Salisbury NHS Foundation Trust

D	= Suitable for those with Diabetes
S	= Soft
V	= Vegetarian
G	= Gluten Free

NAME ....

WARD ....

PROTECTED MEALTIMES

| 1 | ☐ Orange Juice | **G V S** | 2 | ☐ Apple Juice | **G V S** |

Texture E = Food that is soft and is fork mashable

3	☐ Lamb Casserole with Minted Potato Mash and Peas	**G D**
4	☐ Savoury Beef with Mashed Potato and Bubble & Squeek	**G D**
5	☐ Chicken Casserole with Mashed Potato & Carrots	**G D**
6	☐ Fish in Cheese Sauce with Mashed Potato & Peas	**G D**
7	☐ Tuna Bake with Potato & Carrots	**G D**
8	☐ Creamed Chicken with Mashed Potato, Bubble & Squeek	**G D**
9	☐ Lentil Bolognaise with Mashed Potato, Carrots & Swede	**G D V**
10	☐ Macaroni Cheese with Musturd Mash, Carrots & Swede	**D V**
11	☐ Vegetable Lasagne with Mashed Potato & Carrots	**D**
12	☐ Beef Bolognaise with Parsley Potatoes & Mushy Peas	**D**

13	☐ Chocolate Mousse	**G V**
14	☐ Fruit Yoghurt	**V**
15	☐ Ice Cream	**V**
16	☐ Rice Pudding	**G V**

☐ Tick Here to see a member of the Catering Team

For Ward Use Only
☐ **Assistance Required**

圖5-14　Salisbury醫院提供食物口感柔軟、叉子即可壓碎的食物之口感菜單，供病人能夠挑選

ROOM SERVICE MENU

We are pleased to offer convenient room service dining.

- Your made-to-order meal will be delivered to your bedside within 45 minutes or you may request to have your meal delivered at a specific time.

- If you have been prescribed a special diet, a room service clerk can help you make selections.

- Families and guests may order room service. Each meal is $8 and includes one main course, two side orders, beverage and dessert/fruit. Cash and credit cards are accepted.

Dial 5-0202 from your room telephone to place your order anytime from 6:30 am to 8 pm

WE ARE PROUD TO MAKE THE HEALTHY CHOICE THE EASY CHOICE

The healthiest food and drink choices, set by UW Health registered dietitians.

Food options free of beef, pork, poultry and fish. These items may contain dairy and egg products.

GF Gluten-free food options. Additional items that have no gluten added are available upon request.

UWHealth

To prevent foodborne illness, eggs and meat are thoroughly cooked.

SNACKS

Chips (Sunchips®, baked potato chips ⑤)

Rice cakes with peanut butter ⑤

Raw vegetables with hummus ⑤ or ranch dip

Cottage cheese ⑤

String cheese ⑤

Kashi® Granola Bar ⑤

Fruit leather ⑤

Trail mix

Yogurt (fat-free, low-fat, Greek)

Crackers (saltines, graham crackers, rice cakes) ⑤

DESSERTS

Fruit smoothies (mixed berry, strawberry-banana)

Sugar-free cookie (lemon crème cookie, chocolate chip cookie, lemon bar)

Gelatin (strawberry, orange, lime, sugar-free ⑤)

Pudding (vanilla, chocolate, butterscotch, sugar-free ⑤)

Banana bread

Angel food cake

Cookie (chocolate chip, oatmeal raisin, sugar)

Cheesecake (plain or with chocolate sauce)

Pie (apple, pumpkin, cherry, lemon meringue)

Frozen Desserts

Frozen yogurt (vanilla ⑤, chocolate, strawberry)

Sherbet ⑤ (raspberry, orange)

Sugar-free sorbet ⑤ (orange, strawberry)

Milkshake (vanilla, chocolate, strawberry)

Frozen fruit bar ⑤ (very berry)

Popsicle (regular ⑤, sugar-free ⑤)

Fruit ice ⑤ (orange, cherry)

UWHealth

FS-42669-15

Dial 5-0202 from your room telephone to place your order anytime from 6:30 am to 8 pm

圖5-15　UW Health（健康中心）的 room service菜單封面

圖5-16　UW Health（健康中心）的 room service菜單內頁

參考資料

中文資料

卓文倩（2005），〈從國宴菜單看我國飲食文化和政治變遷〉，第一屆美加中漢學會議。

李瑞娥（2016），〈從國宴菜單探討多元文化教育〉，美和科技大學通識教育學術研討會。

網路資料

https://educalingo.com/en/dic-en/state-banquet，2018年7月15日瀏覽。

Sneed, Annie (2016), https://www.fastcompany.com/3055041/why-every-company-should-have-a-cafeteria，2018年7月15日瀏覽。

Monroe, Burt (2016), https://blog.csiaccounting.com/what-should-my-employee-meal-policy-be，2018年7月29日瀏覽。

http://www.salisbury.nhs.uk/INFORMATIONFORPATIENTS/DEPARTMENTS/CATERINGSERVICES/Pages/Patientmenus.aspx，2018年7月15日瀏覽。

http://mobitec.be/en/blog/professional-advice-on-how-to-design-a-company-canteen，2018年7月29日瀏覽。

陳妙娟（2012），〈淺談日本學校營養午餐供應〉，《國家教育研究院電子報》，第35期，https://epaper.naer.edu.tw/index.php?edm_no=35&content_no=939，2019年5月14日瀏覽。

Tomoko Otake (2012), Canteens put employees' health on the menu, https://www.japantimes.co.jp/life/2012/05/22/lifestyle/canteens-put-employees-health-on-the-menu/#.W10Q0tUzbIU，2018年7月31日瀏覽。

The best staff canteen in the WORLD , 2015, http://www.dailymail.co.uk/news/article-3050425/The-best-staff-canteen-WORLD-Dairy-workers-enjoy-lunch-break-asparagus-soft-poached-quail-egg-confit-tomato-lovingly-prepared-Michelin-chef-just-2.html，2018年7月31日瀏覽。

創新拿鐵（2017），〈不只是伙食！日本把營養午餐當教育在辦〉，《遠見雜誌》，2017-12-20，https://www.gvm.com.tw/article.html?id=41588，2019年5月14日瀏覽。

移民邦網站（2015），〈藉女王伊莉莎白二世國宴看看各國的國宴特色〉，http://www.yiminbang.com/news/detail/2957，2019年5月14日瀏覽。

Chapter 6

非商業菜單的種類(二)

- 第一節　員工餐廳菜單
- 第二節　運動員與賽事選手之菜單

本章接續第五章的「非商業菜單」之主題,將持續介紹屬於「非商業經營餐廳」類型的餐廳,包括員工餐廳、運動員及運動賽事之菜單規劃,介紹該菜單與規劃過程所應注意事項。

第一節　員工餐廳菜單

一、員工餐廳的重要性

員工餐指的是公司為員工供應的團體餐。員工餐通常為免費提供或是由員工支付很少的費用即可享用,可作為員工就業的福利之一。一般所有員工在員工餐廳都是享用一樣的餐食,平等對待。如果公司本身就是餐廳,餐廳的廚師則多會利用剩菜或未使用的食材準備餐點,廚師也可以利用員工餐的準備來試驗新的菜色。

美國康乃爾大學的一項研究發現,「讓你的員工一起吃飯可能會非常有價值——這可能有助於他們作為一個團隊表現得更好。」(Sneed, 2016)因此,為了增進員工彼此間的和諧關係、確認員工的營養補給是否足夠,或是有效安排公司的員工排班表,許多的公司行號都有提供員工餐,員工餐的細節安排視公司的福利政策決定。由於員工餐大部分是免費提供,或是只需負擔少許費用即可享受物超所值的員工餐福利,因此這類的餐廳都歸類於非營利行為的餐廳。

在矽谷的高科技公司工作,如谷歌(Google)、蘋果(Apple)或是臉書(Facebook)總部均有提供員工免費餐飲,而餐廳主要提供自助式餐飲的服務,讓員工隨時補充活力,而這幾家知名公司之員工餐廳也常常成為吸引人才的因素之一。

英國的《每日郵報》在2015年報導,世界上最好的員工餐廳是優酪乳製造商Blagdon位在倚谷(Yeo Valley)總部的員工餐廳,它的一百二十

圖6-1　倚谷（Yeo Valley）員工餐廳位在戶外，此為員工用餐照片

資料來源：The best staff canteen in the WORLD, 2015, http://www.dailymail.co.uk/

名乳品員工只需付兩英鎊即可享受由擁有米其林訓練背景的廚師保羅柯林斯（Paul Collins）掌廚、並採用在地食材所製作的精美午餐。

　　日本則有一家名為塔妮塔的員工餐廳（Tanita，日文為タニタ食堂），其員工餐廳設計則以營養為導向，頗受員工的歡迎，即使需要付費，員工亦都趨之若鶩。

　　塔妮塔員工餐廳座落於丸內線在東京市中心的商業區，是一家由世界文化社（出版社）所設立的員工餐廳，餐廳只提供日幣八百或九百元兩個午餐套餐選項，其中一份是每日更新，另四種套餐則是一周更新一次。出版社總經理Akiko Imai強調員工餐的重要性，並提到：「我們認為，在員工餐廳提供美味的食物是很重要的，我們也認識到，現在的餐廳在改善員工健康方面將發揮更大的作用。」

圖6-2　塔妮塔員工餐廳每周更換一次的四種套餐，資訊皆置於官網與 APP上供員工查詢

資料來源：http://www.tanita.co.jp/shokudo

二、餐廳的員工膳食政策

基本上，經營餐廳的業者幾乎都會提供員工午、晚餐，甚至包含早餐，屬於員工的一項福利。《米其林指南》之官網則有一篇文章以Odette和The Kitchen兩家餐廳為例，提到餐廳提供員工餐的主要考量因素：

(一)減少食材浪費

對於餐飲業者而言，環境的永續發展和減少食品浪費是經營餐廳重要的議題。Odette和The Kitchen兩家餐廳都很清楚知道當餐廳要提供顧客頂級的食物，必然會產生部分食材上的浪費。但身為一個稱職的廚師不應該讓廚房裏的有用食材被丟棄在垃圾桶，因此提供員工餐，利用這些提供

專欄 郭董自曝每天吃員工餐　預告將公布七日健康菜單

鴻海董事長郭台銘臉書這次發文，談的是「鴻海的食安管理」，透過影片分享鴻海土城、深圳、鄭州都建立高標準的食安檢驗實驗室，還提到郭董自己每天和員工一樣在公司吃飯，引發不少網友直喊「想當鴻海員工」、「鴻海員工好幸福」。

推文首先以提到，企業管理「大處著眼，小處著手」；每天做，重複做，做到好，就是日常。

接著說鴻海集團雖然不是食品公司，但在土城、深圳、鄭州等地都建立了高標準的食品檢驗實驗室，每天各廠區都對員工「食的安全」進行把關。除了高標準的各種檢驗項目，為了能快速得到結果，其中三十秒農藥快篩技術，即時保障食材安全，是鴻海高科技幫助食安的最佳範例。

最後不僅強調「把最基本的需求照顧好，學問並不高深，唯有要求徹底執行」，甚至也提到高科技發展就是為了生活日常，而且郭董自己每天都和員工一樣在公司吃飯，還講到永齡農場就是八八風災後為照顧災民捐給高雄的產業，並跟網友說，只要影片分享數達一百以上，就公布董事長辦公室七天健康菜單。

高雄永齡有機農場年產三百多種、八百多噸的有機蔬果和香草，每天直送鴻海土城廠區，食材抵達廠區，在廚房烹飪前，得先取樣送到食品安全實驗室進行檢測，土城廠區三百坪的食安實驗室，2015年正式啟用，備有七十多種高端設備、二十多位專業檢測人員，展開四十多項風險檢測流程，為員工食安把關。發文推出後，同樣引發網友熱烈回應，超過上百則的分享中，不少網友提到「想當鴻海員工」、「真羨慕鴻海員工」、「鴻海員工好幸福」，甚至有網友大讚郭董的做法，直呼真是好老闆。

資料來源：姚惠茹，ETtoday新聞雲，2019年02月22日

客人之外的剩餘食材來設計員工餐是廚師們應該學習的課題。另外，員工餐也是提供廚師一項機會來磨練廚藝並學習食材的庫存管理。

(二)平衡時間

兩家餐廳都認為員工餐的烹煮與食用過程的時間，可以與正式高度密集工作的時間分配上取得協調與平衡。廚師不需要利用太多的時間烹煮員工餐，而是選擇最具家鄉味、員工最熟悉的餐點進行安排，大家可以利用員工用餐時間培養感情，形同家人，這才具備員工餐的意義。

以台灣知名連鎖餐廳——鼎泰豐為例，該餐廳同樣有員工餐的供應，並特別重視員工的營養均衡、強調員工餐應設計具有變化的餐點，讓員工有精神活力從事當天的工作。基本上，鼎泰豐餐廳的員工餐規定每天都有所變化，而且必須是三菜一湯加水果，並請營養師計算熱量、營養成分是否均衡。如果冬天氣溫低於二十度，就要熬煮薑湯給員工喝。星期一至五的早餐可安排麵類餐點搭配炒青菜，但如果碰到周末假日，由於店裏生意量大，耗費體力多，則安排早餐吃炒飯，提供員工足夠的體力。

三、一般公司企業的員工膳食政策

員工餐廳的菜單設計大多利用循環菜單的模式來進行，而上述提到的自助餐廳或是由米其林廚師掌廚而設計的員工餐，則是較為獨特的設計。

一般中小型企業，尤其是小型的家族企業規模，常提供類似的家庭式膳食作為員工餐。員工在一天中的特定時間或在輪班結束時一起用餐。大型或連鎖餐廳以及飯店通常亦會為員工提供免費或打折餐。員工膳食政策因操作而異，取決於所服務的企業類別和預算編列，並確保整個菜單或從較廉價的選項中找到最為合理的規劃。如果公司無法提供多餘的預算提供免費膳食，提供折扣的菜單項目也是一種選擇。

四、員工餐廳的規劃

每個工作環境基本上反映公司的形象及其價值，因此員工餐廳（company canteen）以提供員工一個愉快、活潑和放鬆的環境為前提，也有一些審美和功能提供的項目，設計員工餐廳時要考慮以下因素：

(一)員工餐廳的色彩規劃

在公司，會議室或辦公室都不是真正適合用餐的地方。設計一個對員工有吸引力的餐廳十分重要，而顏色亦需要講究。例如，黃色會刺激食欲，綠色會讓人安心。相反，在員工餐廳不推薦紅色色調，因為紅色會刺激人們快速進食。椅子的顏色選擇也有相同的作用，若要強調餐廳的放鬆功能，則可以挑選較高的桌子與高腳椅。

(二)提供環保、再利用的餐具

一般的員工餐廳通常會提供用餐者餐具，包括盤子、碗、杯子，以及刀叉、湯匙與筷子。為了避免使用塑膠杯，甚至可以為每一位員工提供個人化的杯子。也可以考慮提供水果籃，以鼓勵健康的飲食。

(三)提供必須設備──飲料機

在許多公司行號，有無「提供咖啡」這項服務，會對員工的表現有所影響。為了讓每位員工工作愉快，選擇一個同時可提供咖啡、茶和熱巧克力的飲料設備不可或缺。另外，冰箱是員工餐廳的另一項必備的廚房設備。選擇一個與餐廳的顏色匹配的冰箱，讓員工都能置放自己攜帶之必須保鮮冷藏的食物。

圖6-3　公司提供員工免費咖啡，對員工提振精神很有幫助

圖6-4　公司提供水果籃供員工自由取用

第二節　運動員與賽事選手之菜單

　　台灣在近幾年來承辦幾次國際賽事，如2017年於台北市舉行的「夏季世界大學運動會」（簡稱世大運）。為了迎接盛會，除了多方的工作需

協調安排外，活動期間的膳食安排更是令人矚目，主要是因為參與的選手並非一般民眾，其需要的營養與熱量補充更是斤斤計較，食物不僅能提供運動員練習和參與競爭的能量，食物中的營養成分也是選手從訓練中恢復、修復，和鍛鍊肌肉、填補需要的養分基礎。因此在餐點的安排上要請有經驗的營養師與主廚共同規劃菜單。

美國奧運代表隊的營養師Alicia Kendig曾指出：「沒有任何一個營養公式是適合每一個人的，每一道她自己所設計的菜單都是根據她參與運動員訓練、觀察其日常生活習慣並參考運動員的靜態代謝率（靜止狀態時所需維持身體機能的最低熱量）來制定，針對每個人，用三個問題最快分析出營養需求：(1)用餐（包含點心）是否定時定量？(2)運動訓練期間的飲食狀況？(3)攝取的食物營養密度是否足夠？」

以下為設計運動員賽事活動之選手菜單須考慮的相關因素：

一、熱量與營養迷思

這些運動員根據他們的運動項目，每天所需熱量少至1300卡路里，多至7000卡路里，因此在設計菜單時，營養與熱量是重要考量的因素。

並非所有的高熱量食物都不適合放入菜單。如酪梨（avacado）、堅果、小魚乾、花生醬等高脂肪的零食，對於需要高能量的運動員們來說是相當適合的選擇。這樣高能量、高營養的食物，基本上不會對身體造成多餘的負擔，反而能發揮運動的效果，讓身體維持平衡的狀態。

二、兼顧美味的選手菜單

世界各國選手遠道而來，各式各樣的文化背景、飲食習慣該如何解決？以2016年巴西里約奧運為例，選手村內按照地理位置劃分，提供五大洲和不同宗教的飲食。里約奧運更在菜單中加入了名為「東方沙拉」的菜

色，東方沙拉的真實身分其實就是韓式泡菜。儘管奧運主辦單位提供了這份充滿誠意的多元菜單，為了讓選手們維持最佳狀態，仍有像韓國一樣的國家選擇派出國家代表隊御用廚團，為選手們準備最合胃口的佳餚。澳洲奧運代表團更是在各屆的賽事期間均攜帶御用的主廚來為選手量身打造菜色。

負責2016年里約奧運選手村餐廳的澳洲GHG餐飲公司，也同時是2017年台北世大運選手餐廳的得標公司，以下為《蘋果日報》採訪台北世大運有關選手村餐廳的報導內容。

專欄　世大運選手餐廳首度曝光　多元餐點迎接各國選手

距離世大運剩下不到一個月，世大運組委會今天首度帶媒體參觀選手村餐廳與廚房，屆時該設施將設置3,500席座位，供應世界五大菜系，並在每日提供三萬五千到四萬份餐點，來服務超過一萬名代表團成員。此外本次世大運餐廳所用的食材，有高達八成五以上採用台灣本土食材，組委會也希望利用這次機會，讓各國體驗到台灣的美食文化。

世大運餐廳與廚房，雖然是一座大型帳篷，但裏頭相當舒適，完全不會感到炎熱，餐廳設置冷食供應區、清真食品區、義大利廚房、亞洲廚房等，可讓選手享受各種不同料理。為了讓選手吃得健康、安心，每道料理都有標示熱量、營養成分。

由於是提供給選手的餐飲，所有菜色標榜少油少鹽，《蘋果》試吃鹹酥雞、滷肉飯、牛肉湯，其中鹹酥雞採用油脂較少雞胸肉，吃起來比較不油膩；滷肉飯為了配合外國選手飲食習慣，採用外國長米，一般台灣民眾吃起來可能會較不習慣；至於牛肉湯部分，口味也略為

清淡。

　　副市長陳景峻表示，這座場館外觀相當新穎，未來世大運結束後可以重複利用避免浪費，該座餐廳未來可容納3,500席座位，將提供五大洲各式各樣餐點，供餐時將為每天早上五點到凌晨一點，時間長達廿小時，讓選手能盡情享用。此外餐點也放入台灣特色美食如牛肉麵、小籠包等，希望利用機會把台灣美食傳播出去。

　　北市衛生局長黃世傑則坦言，世大運餐廳標案第一次無人投標，直到今年二月才由澳洲GHG公司得標，整個準備時間相當短暫，但GHG公司經驗相當豐富，剛剛才辦完里約奧運，目前所有設施都已到位。此外過去外界對餐廳採用帳篷有很大的疑慮，但今天林口外頭高達三十七度，餐廳裏面只有二十三度，感覺相當舒適。

　　世大運餐飲服務處處長璩大成表示，為了滿足各國需求，本次GHG公司將聘請世界各國六位行政主廚領軍，巔峰時期將有441位跑菜員、服務生，廚師數量也高達237名。另外也和景文科大、南開科大等餐飲系合作，招募七百多名實習生。

　　至於廚房部分，GHG經理賀威添表示裏頭共分為熱炒區、冷食處理區與清真食品處理區，其中熱炒區以台灣料理、亞洲料理為主，裏頭主要採用台灣食材，準備牛肉麵、炒麵等料理；冷食處理區則處理生鮮水果、肉品部分，所有料理加工流程都在該區進行，最後還有清真食品處理區，該區上周才通過回教協會認證，未來將與其他食品分開，而在正式啟用前，也會配合回教習俗有個祈禱儀式，目前尚未正式啟用。

資料來源：陳思豪、郭美瑜，《蘋果日報》，2017/07/25，https://tw.appledaily.com/new/realtime/20170725/1168292/

三、國際性的飲食考量

究竟這些世界頂尖運動員需要什麼樣的營養之食物？以下將以韓國在2018年舉辦的「平昌冬季奧運」為例，介紹該選手村餐廳如何考量、平衡各國選手在飲食上的需求與喜愛。

「2018平昌冬季奧運」主辦單位在奧林匹克選手村內打造一個廿四小時的自助餐餐廳。這次「江陵（Gangneung）奧運村餐廳」由一百八十位廚師團隊通力合作，其中包含三十位廚師需負責猶太和清真的食物準備，高峰期一天要準備七千人份的餐點，依據的是事先設計好、共計四百零六道菜色的「循環菜單」，提供一天一百零八種菜色供運動員享用。奧運選手們可以在任何時候享用特別為此次選手們所規劃的早餐、午餐、晚餐，甚至宵夜。

這次江陵奧運村的餐廳提供十八頁之多的菜單供選手選擇，其中沙拉占去幾乎兩頁，菜單明顯採國際性視野進行規劃。像是起司（cheese）此項單一食材，不僅廿四小提供，也考慮到各國類別與口味的不同，而提供各國特色的起司，像是包括來自荷蘭的埃德姆（Edam）起司、法國的卡蒙貝爾（Camembert）起司、義大利的博康奇尼（Bocconcini）和格拉娜帕達諾（Grana Padano）起司、英國的切達（Cheddar）起司、希臘的菲達（Feta）與瑞士起司等，企圖滿足各國選手對於起司的需求。其他食材也是透過對各國飲食習慣的研究，提供豐富多樣性的食物供選手食用。**表6-1**、**表6-2**是這次選手村菜單的其中兩頁，提供參考。

四、平日運動員之用餐菜單

大型賽事的選手菜單因需考量來自四面八方的選手需求，因此較為複雜。相較於平日運動員的訓練，擁有在運動產業超過廿年經驗的指導

表6-1　2018韓國平昌冬季奧運村菜單之第一頁，為廿四小時供應之菜色內容

Olympic Villages Main Dining Hall - 24 Hour Service

Category			No	Day 1	Day 2	Day 3	Day 4	Day 5	Day 6	Day 7	Remarks
Dairy Products	Yoghurt	Greek Style	1	Plain Yoghurt (Low Fat)	Plain Yoghurt (Low Fat)	Plain Yoghurt (Low Fat)	Plain Yoghurt (Low Fat)	Plain Yoghurt (Low Fat)	Plain Yoghurt (Low Fat)	Plain Yoghurt (Low Fat)	
		Fruit Yoghurt	2	Plain Yoghurt	Plain Yoghurt	Plain Yoghurt	Plain Yoghurt	Plain Yoghurt	Plain Yoghurt	Plain Yoghurt	
			3	Strawberry Yoghurt	Strawberry Yoghurt	Strawberry Yoghurt	Strawberry Yoghurt	Strawberry Yoghurt	Strawberry Yoghurt	Strawberry Yoghurt	
		Probiotics	4	Probiotic Plain Yoghurt	Probiotic Plain Yoghurt	Probiotic Plain Yoghurt	Probiotic Plain Yoghurt	Probiotic Plain Yoghurt	Probiotic Plain Yoghurt	Probiotic Plain Yoghurt	
	Milk		5	Whole Milk	Whole Milk	Whole Milk	Whole Milk	Whole Milk	Whole Milk	Whole Milk	
			6	Fat-Free Milk	Fat-Free Milk	Fat-Free Milk	Fat-Free Milk	Fat-Free Milk	Fat-Free Milk	Fat-Free Milk	
			7	Almond Milk	Almond Milk	Almond Milk	Almond Milk	Almond Milk	Almond Milk	Almond Milk	
			8	Soy Milk	Soy Milk	Soy Milk	Soy Milk	Soy Milk	Soy Milk	Soy Milk	
Salad Bar	Vegetables	Leaves	9	Mixed Greens	Mixed Greens	Mixed Greens	Mixed Greens	Mixed Greens	Mixed Greens	Mixed Greens	Green Vitamins, Kale, Radicchio, Head Lettuce
			10	Spinach Leaves	Spinach Leaves	Spinach Leaves	Spinach Leaves	Spinach Leaves	Spinach Leaves	Spinach Leaves	
			11	Romaine	Romaine	Romaine	Romaine	Romaine	Romaine	Romaine	
		Cut Vegetables	12	Cucumbers	Cucumbers	Cucumbers	Cucumbers	Cucumbers	Cucumbers	Cucumbers	
			13	Sweet Corn	Sweet Corn	Sweet Corn	Sweet Corn	Sweet Corn	Sweet Corn	Sweet Corn	
			14	Cherry Tomatoes	Cherry Tomatoes	Cherry Tomatoes	Cherry Tomatoes	Cherry Tomatoes	Cherry Tomatoes	Cherry Tomatoes	
			15	Shredded Carrots	Shredded Carrots	Shredded Carrots	Shredded Carrots	Shredded Carrots	Shredded Carrots	Shredded Carrots	
			16	Onions	Onions	Onions	Onions	Onions	Onions	Onions	
			17	Celery	Celery	Celery	Celery	Celery	Celery	Celery	Sliced
			18	Mushrooms	Mushrooms	Mushrooms	Mushrooms	Mushrooms	Mushrooms	Mushrooms	
			19	Green Bell Peppers	Green Bell Peppers	Green Bell Peppers	Green Bell Peppers	Green Bell Peppers	Green Bell Peppers	Green Bell Peppers	
		Beans	20	Green Peas	Green Peas	Green Peas	Green Peas	Green Peas	Green Peas	Green Peas	
			21	Chickpeas	Chickpeas	Chickpeas	Chickpeas	Chickpeas	Chickpeas	Chickpeas	
			22	Black Beans	Black Beans	Black Beans	Black Beans	Black Beans	Black Beans	Black Beans	
		Sticks	23	Celery, Carrot, Yellow Bell Pepper	Celery, Carrot, Yellow Bell Pepper	Celery, Carrot, Yellow Bell Pepper	Celery, Carrot, Yellow Bell Pepper	Celery, Carrot, Yellow Bell Pepper	Celery, Carrot, Yellow Bell Pepper	Celery, Carrot, Yellow Bell Pepper	
		Dip	24	Hummus	Hummus	Hummus	Hummus	Hummus	Hummus	Hummus	w/ Dip Sauce
		Pickles & Preserved	25	Black Olives	Black Olives	Black Olives	Black Olives	Black Olives	Black Olives	Black Olives	
			26	Pickled Cucumber	Pickled Cucumber	Pickled Cucumber	Pickled Cucumber	Pickled Cucumber	Pickled Cucumber	Pickled Cucumber	
			27	Jalapeno	Jalapeno	Jalapeno	Jalapeno	Jalapeno	Jalapeno	Jalapeno	
			28	Pickled Ginger	Pickled Ginger	Pickled Ginger	Pickled Ginger	Pickled Ginger	Pickled Ginger	Pickled Ginger	Shaved
	Condiments	Grains	29	Boiled Oats	Boiled Oats	Boiled Oats	Boiled Oats	Boiled Oats	Boiled Oats	Boiled Oats	
			30	Boiled Black Rice	Boiled Black Rice	Boiled Black Rice	Boiled Black Rice	Boiled Black Rice	Boiled Black Rice	Boiled Black Rice	
		Seeds	31	Pumpkin Seeds	Pumpkin Seeds	Pumpkin Seeds	Pumpkin Seeds	Pumpkin Seeds	Pumpkin Seeds	Pumpkin Seeds	
			32	Sunflower Seeds	Sunflower Seeds	Sunflower Seeds	Sunflower Seeds	Sunflower Seeds	Sunflower Seeds	Sunflower Seeds	
		Tofu	33	Fresh Tofu	Fresh Tofu	Fresh Tofu	Fresh Tofu	Fresh Tofu	Fresh Tofu	Fresh Tofu	Diced

表6-2 2018韓國平昌冬季奧運村菜單之第14頁，為晚餐供應之菜色內容

Olympic Villages Main Dining Hall - Dinner [17:00~24:00]

Category			No	Day 1	Day 2	Day 3	Day 4	Day 5	Day 6	Day 7	Remarks
	Soup		1	Minestrone Soup	Lentil Soup	Kale Soup	Cabbage Soup	Barley Soup	Potato & Corn Chowder Soup	Leek & Potato Soup	
	Hot Entrée-Vegetarian		2	Grilled Tofu	Grilled Tofu	Grilled Tofu	Grilled Tofu	Grilled Tofu	Grilled Tofu	Grilled Tofu	
Live Station	Carvery		3	Roasted Beef Ribeye	Roasted Rack of Lamb	Roasted Pork Belly	Roasted Strip Loin	Roasted Hern Crusted Pork Loin	Roasted Beef Brisket	Honey Glazed Pork Leg	
	Grill		4	Pork Skewer	Grilled Beef Strip Loin	Grilled Lamb Chop	Grilled Beef Top Blade	Grilled Lamb	Grilled Beef Chuck Roll	Grilled Beef Chuck Roll	Sauce Optional
			5	Grilled Chicken Breast	Roasted Turkey Breast	Grilled Chicken Thighs	Smoked Turkey Breast	Pan Seared Chicken Thighs	Pan Seared Chicken Breast	Grilled Duck Breast	Sauce Optional
Hot Entrée	Seafood		6	Poached Tilapia	Steamed Halibut	Steamed Prawn	Pan Seared Salmon	Grilled Sea Bass	Grilled Calamari	Grilled Prawn	
Vegetables	Grill		7	Grilled Mushrooms	Grilled Mushrooms	Grilled Mushrooms	Grilled Mushrooms	Grilled Mushrooms	Grilled Mushrooms	Grilled Mushrooms	
			8	Grilled Bell Pepper	Grilled Bell Pepper	Grilled Bell Pepper	Grilled Bell Pepper	Grilled Bell Pepper	Grilled Bell Pepper	Grilled Bell Pepper	Red, Green
	Steamed		9	Steamed Green Beans	Steamed Green Beans	Steamed Green Beans	Steamed Green Beans	Steamed Green Beans	Steamed Green Beans	Steamed Green Beans	
			10	Steamed Cabbage	Steamed Cabbage	Steamed Cabbage	Steamed Cabbage	Steamed Cabbage	Steamed Cabbage	Steamed Cabbage	PyeongChang Only
	Starch		11	Wedged Potatoes	Waffle Potatoes	Chat Potatoes	Roasted potatoes	Flat Potatoes	Mashed Potatoes	Steamed Potatoes	
			12	Steamed Long Grain Rice	Steamed Long Grain Rice	Steamed Long Grain Rice	Steamed Long Grain Rice	Steamed Long Grain Rice	Steamed Long Grain Rice	Steamed Long Grain Rice	
	Burgers		13	Classic Beef Burger	Classic Beef Burger	Classic Beef Burger	Classic Beef Burger	Classic Beef Burger	Classic Beef Burger	Classic Beef Burger	
			14	Cheeseburger	Cheeseburger	Cheeseburger	Cheeseburger	Cheeseburger	Cheeseburger	Cheeseburger	
			15	Potato Fries	Potato Fries	Potato Fries	Potato Fries	Potato Fries	Potato Fries	Potato Fries	
Pizza	Gluten-Free		16	Gluten-Free Pizza	Gluten-Free Pizza	Gluten-Free Pizza	Gluten-Free Pizza	Gluten-Free Pizza	Gluten-Free Pizza	Gluten-Free Pizza	
	Standard		17	Tomato & Mozzarella Pizza	Tomato & Mozzarella Pizza	Tomato & Mozzarella Pizza	Tomato & Mozzarella Pizza	Tomato & Mozzarella Pizza	Tomato & Mozzarella Pizza	Tomato & Mozzarella Pizza	
	Rotation		18	4-Cheese Pizza	Pepperoni Pizza	Chicken & Pineapple Pizza	Mushroom Pizza	BBQ Chicken Pizza	Beef Bulgogi Pizza	Spinach Cream Pizza	
Pasta	Long pasta		19	Spaghetti	Spaghetti	Spaghetti	Spaghetti	Spaghetti	Spaghetti	Spaghetti	
	Short pasta		20	Penne	Farfalle	Fusilli	Penne	Farfalle	Fusilli	Penne	
	Gluten-Free		21	Gluten-Free Pasta	Gluten-Free Pasta	Gluten-Free Pasta	Gluten-Free Pasta	Gluten-Free Pasta	Gluten-Free Pasta	Gluten-Free Pasta	
	Sauces		22	Tomato Sauce	Tomato Sauce	Tomato Sauce	Tomato Sauce	Tomato Sauce	Tomato Sauce	Tomato Sauce	
			23	Green Beans, Carrot, Asparagus Cream Sauce	Mussel & Zucchini Cream Sauce	Gorgonzola Cream Sauce	Mushroom Cream Sauce	Cheddar Cream Sauce	Bacon & Onion Cream Sauce	Green Pea & Bacon Cream Sauce	
			24	Grana Padano	Grana Padano	Grana Padano	Grana Padano	Grana Padano	Grana Padano	Grana Padano	
	Toppings		25	Cherry tomatoes	Cherry tomatoes	Cherry tomatoes	Cherry tomatoes	Cherry tomatoes	Cherry tomatoes	Cherry tomatoes	
			26	Black Olives	Black Olives	Black Olives	Black Olives	Black Olives	Black Olives	Black Olives	Sliced
			27	Hot Pepper Flakes	Hot Pepper Flakes	Hot Pepper Flakes	Hot Pepper Flakes	Hot Pepper Flakes	Hot Pepper Flakes	Hot Pepper Flakes	
	Pre-made Pasta		28	Meat Lasagna	Mac & Cheese	Spinach Lasagna	Meat Lasagna	Mac & Cheese	Spinach Lasagna	Meat Lasagna	
Bibimbap Station	Vegetables		29	Blanched Bean Sprouts	Blanched Bean Sprouts	Blanched Bean Sprouts	Blanched Bean Sprouts	Blanched Bean Sprouts	Blanched Bean Sprouts	Blanched Bean Sprouts	
			30	Blanched Spinach	Blanched Spinach	Blanched Spinach	Blanched Spinach	Blanched Spinach	Blanched Spinach	Blanched Spinach	
			31	Sautéed Dried Zucchini	Sautéed Dried Zucchini	Sautéed Dried Zucchini	Sautéed Dried Zucchini	Sautéed Dried Zucchini	Sautéed Dried Zucchini	Sautéed Dried Zucchini	
			32	Seafood Dried Radish leaves	Seafood Dried Radish leaves	Seafood Dried Radish leaves	Seafood Dried Radish leaves	Seafood Dried Radish leaves	Seafood Dried Radish leaves	Seafood Dried Radish leaves	
			33	Sautéed Bracken	Sautéed Bracken	Sautéed Bracken	Sautéed Bracken	Sautéed Bracken	Sautéed Bracken	Sautéed Bracken	

World Station

員、教練身分的Andrea Cespedes，提出在西方國家之運動員三餐的飲食規範（Cespedes, 2019）：

(一)早餐

　　早餐一般建議通常包括全麥，如全麥麵包和煎餅或燕麥片；雞蛋和瘦肉的蛋白質；低脂乳製品，如牛奶或優酪乳，用於補充鈣質的需求；水果則是重要的維生素和抗氧化劑來源。早餐也可以是鮭魚、地瓜，或是烤雞和烤蔬菜。麵食也是不錯的選擇。

(二)午餐

　　午飯一定要吃，以確保得到需要的熱量和營養。午餐可以是三明治、沙拉和湯，也可以是像零食一樣的食物的組合，如堅果、種子、水煮蛋、新鮮水果、切碎的蔬菜和鷹嘴豆泥等。但須避免油膩的飯菜，如漢堡、熱狗和薯條，容易影響表現。

(三)午晚餐之間

　　運動前後都可以選擇一些點心或零食來進行能量補充，如能量棒、香蕉，或烤麵包與堅果奶油。在兩餐之間，對運動員最好的零食是將蛋白質和碳水化合物結合起來的優質食品。選擇全麥麵包、優酪乳和新鮮水果，或用蛋白粉、水果和牛奶製成的冰沙都相當適合。

(四)晚餐

　　一份均衡的運動員晚餐，須包括四至五盎司的瘦蛋白質、一杯或兩杯綠葉蔬菜，以及優質的碳水化合物，如白色或紅色地瓜、稻米、藜麥或義大利麵。晚餐是補充運動員所需的營養與熱量重要的時段，但過多可能會干擾睡眠。

(五)運動菜單範例

　　以下將介紹兩位具代表性的運動員，包括四百公尺奧運金牌選手LaShawn Merritt、美國NBA選手James Harden，以及台灣的國家運動訓練中心的一日三餐菜單，進而認識這些運動員的日常飲食內容：

■案例一：四百公尺奧運金牌選手LaShawn Merritt

　　以下是四百公尺奧運金牌選手LaShawn Merritt一日三餐菜單，原文內容如**圖6-5**。

1.早餐：雞蛋的蛋白部分、燕麥、一片水果。
2.午餐：雞肉沙拉、椰子水。

Each week, a new athlete will share their weekly diet and diet tips on For The Win. Up this week? 400-meter specialist LaShawn Merritt, a two-time Olympic gold medalist who will compete in the 2016 Games in Rio.

Here's what he eats on an average day:

Breakfast

Egg whites, oatmeal, maybe a piece of fruit

Lunch

Chicken salad and coconut water

Snacks

Chocolate chip cookies. "I don't eat it all the time, but that's a sweet snack for me," he said.

He'll also eat quest bars and fruit like bananas, blueberries and apples.

Dinner

Salmon or steak, vegetables and sweet potatoes

圖6-5　四百公尺奧運金牌選手LaShawn Merritt一日三餐菜單

3.點心：巧克力餅乾（少吃）、營養棒（補充蛋白質）、水果（香
蕉、藍莓或蘋果）。

4.晚餐：鮭魚或牛排、蔬菜、地瓜。

■案例二：美國NBA選手James Harden

以下為美國NBA選手James Harden的一日三餐菜單，原文內容如**圖
6-6**。

1.早餐：雞蛋、馬鈴薯、香腸、吐司等。飲料為草莓／香蕉口味的運
動飲料，比賽前也都會喝一罐以保持身體足夠的水分。

2.午餐：魚和蔬菜。

3.晚餐：雞肉、壽司，或是屬於健康的食物。

Each week, a new athlete will share _their weekly diet and diet tips on
For The Win_. Up this week? James Harden, who spoke to For The Win
on behalf of BODYARMOR.

Breakfast

"Eggs, potatoes, sausage, toast, or a breakfast burrito with that same
stuff in it and I drink a strawberry-banana BODYARMOR in the
morning and another one pre-game on game days to stay hydrated."

Lunch

Some sort of fish and veggies

Dinner

"Usually chicken, or sushi or something somewhat healthy from
wherever I decide to eat from."

圖6-6　美國NBA選手James Harden的一日三餐菜單

■ 台灣的國家運動訓練中心

　　不同於西方國家，亞洲國家的選手便有不同的飲食習慣。以台灣為例，台灣的國家運動訓練中心為一個培養、訓練國家代表之運動選手的重要基地，選手的每日三餐都有法源依據進行辦理。民國一〇八年修訂最新版「國家運動訓練中心伙食管理會設置要點」，在國家運動訓練中心內設置「伙食管理會」，統籌辦理選手的三餐內容。設置要點第六條提到菜單的設計部分，原文如下：

　　伙食會為適應實際需要，並考量選手營養需求，每日由營養師開立菜單，並由監廚人員負責監廚，任務如下：

1. 督導每日菜單及參加伙食實際人數。
2. 點驗食材。
3. 廚房工作人員烹調、食品殘餘處理及禁止舞弊浪費等事項監督。另餐廳及廚房整潔衛生監督事項，由本中心運動科學處醫護組派員兼任。

　　國家運動訓練中心為選手設計的運動餐食之相關菜單資訊都有置於官網，供選手瞭解餐食的安排。圖6-7至圖6-9也提供官網部分內容供參考。

圖6-7　國家運動訓練中心官網提供的選手早餐、午餐之菜色

➢ **105/03/21（一）**

早餐	午餐	晚餐
小籠湯包	香烤魚菲力	泡菜雞肉
香乳蝶腿	酸菜豬肉丁	壽喜牛
地瓜粥	百菇白菜	烘蛋豆腐
燙青江菜	蒜炒山茼蒿	炒肉絲豆芽
荷包蛋,培根,火腿	燙空心菜	燙地瓜葉
綜合醬瓜,肉鬆	酒香干貝佐田菠菜	鵝菜魚乾
包子類 3 種	剝皮辣椒雞湯	莧菜豆腐清湯
	鍋燒意麵	

➢ **105/03/22（二）**

早餐	午餐	晚餐
抓餅(原味/加蛋)	現煎鯛魚片	香蔥杏菇肉片
蝦仁玉米粥	薑母燉鴨	糖醋羊肉
蜜汁棒腿	咖哩花菜	蝦仁蒸蛋
馬鈴薯泥	胡蘿蔔炒豆干	四季豆炒肉末
綜合中式早點	熱狗空心菜	絲瓜蛤蜊
荷包蛋	燙高麗菜	燙油菜
綜合醬瓜,肉鬆	烤地瓜(帶皮)	南瓜雞湯
包子三種	蘿蔔餛飩湯	

圖6-8　國家運動訓練中心官網提供的選手三餐菜色明細之案例

圖6-9　國家運動訓練中心官網提供選手的副食自助區內容

參考資料

網路資料

Tomoko Otake(2012), Canteens put employees' health on the menu, https://www.japantimes.co.jp/life/2012/05/22/lifestyle/canteens-put-employees-health-on-the-menu/#.W10Q0tUzbIU，2019年6月10日瀏覽。

Burt Monroe (2016), What Should My Employee Meal Policy Be?, https://blog.csiaccounting.com/what-should-my-employee-meal-policy-be，2019年6月10日瀏覽。

Azimin Saini (2017), Why Restaurants Still Cook Their Own Staff Meals At The Expense of Time And Effort, https://guide.michelin.com/en/article/features/michelin-starred-restaurants-staff-meals，2019年6月10日瀏覽。

國家運動訓練中心官網，https://www.nstc.org.tw/upload/Activities/20160320170727734.pdf，2019年5月15日瀏覽。

https://ftw.usatoday.com/2016/06/lashawn-merritt-food-diaries，2019年5月15日瀏覽。

https://www.harpersbazaar.com/tw/Luxury/gourmet/news/a793/2016olympic-riojaneiro-athelete-nutrition-diet/，2019年5月15日瀏覽。

ANDREA CESPEDES (2019), Daily Meal Plans for Athletes, https://www.livestrong.com/article/280826-daily-meal-plans-for-athletes/，2019年5月17日瀏覽。

https://en.wikipedia.org/wiki/Family_meal，2019年12月19日瀏覽。

《國家運動訓練中心伙食管理會設置要點》，https://www.nstc.org.tw/upload/FileUploadList/20190613091627219.pdf，2020年2月14日瀏覽。

〈鼎泰豐大廚10個有9個都說：最難做的不是18摺小籠包，而是每天變化的三菜一湯「員工餐」〉《商業周刊》，2017年4月7日。https://www.businessweekly.com.tw/article.aspx?id=19420&type=Blog，2019年6月10日瀏覽。

陳思豪、郭美瑜，〈世大運選手餐廳首度曝光，多元餐點迎接各國選手〉《蘋果日報》，2017年7月25日。https://tw.appledaily.com/new/realtime/20170725/1168292/，2019年5月16日瀏覽。

Chapter 7

數位化菜單與市場分析

🍳 第一節　什麼是菜單數位化？

菜單數位化指的是將以傳統印刷形式呈現的菜單，利用科技以數位形式與顧客進行互動的一種新型態餐廳菜單。由於數位菜單是採用數位形式來顯示菜單內容，可以根據不同季節、行銷方式進行修正，而不需要重新印製傳統紙本式菜單，或更換傳統的壓克力材質的菜單看板。

菜單一旦數位化，不僅對餐廳有好處，對於消費者而言，也有相對的優點，以下詳述其內容：

1. 對餐廳的好處：
   (1)積極地提供消費者感知的就餐環境。
   (2)可降低工作人員人數和相關的訓練成本。
   (3)提高營業額，提供有效率的服務流程。
   (4)增加客戶忠誠度，貼心的服務可以改善餐廳與顧客的關係。
2. 對消費者的好處：
   (1)更容易即時獲得餐廳所提供的方案與服務。
   (2)改善消費者排隊等待的效率，減輕負擔。
   (3)增強用餐體驗感及娛樂性。
   (4)改進顧客端和餐廳服務間的通訊往來，提高顧客滿意度。

目前速食餐廳採用的數位菜單以數位菜單看板的使用率最高。餐廳可以透過使用數位菜單看板的方式呈現明亮、大膽的圖像，並精確呈現品牌顏色，確保以正確的方式呈現品牌識別。也有餐廳提供互動式的數位觸控式螢幕菜單，讓客人透過這樣的數位菜單自行點餐，減少排隊等候的顧客，餐廳並可快速處理點菜訂單。透過菜單的數位化，經營者能輕鬆更換從午餐換至晚餐的菜餐內容，並可以隨時根據需要進行價格調整，不再增加因菜單內容修改所可能產生的其他成本。

但數位菜單不僅是在實體餐廳才能夠呈現，透過網路、電腦與手機的應用程式（APP），都能夠讓菜單以數位化的方式，將相關資訊傳遞到消費者手中。當菜單是以在獨立（連鎖）餐廳的官網，或是透過外送餐食服務的APP進行資訊傳遞，也相對地改變了餐廳的供餐方式或是服務方式，當然，也創造或發展了其他新興產業，如外送產業。不僅增加了「外送員」這類的就業市場，也成就網路平台的進一步發展，甚至改變家庭的飲食習慣。

　　以下將先以「餐廳內用」所採用的數位菜單應用之類別進行介紹，並在第二節詳細介紹數位菜單在外帶與外送市場的應用與發展。

一、數位菜單看板（digital signage menu boards）

　　數位菜單看板多設在速食店，以點餐櫃檯上方的位置最為普遍。但也可以利用海報的概念，將當天所要促銷的菜色或是餐廳推薦菜利用數位看板的轉換方便性，置於店門口，吸引顧客上門。

　　數位菜單除了日常的基本產品銷售外，餐廳遇到耶誕節、感恩節等特殊節日，或是季節更迭所設計出來的新菜單，便能因數位菜單看板的使用而容易設計，無其他成本增加上的顧慮。數位菜單看板能配合一天中的時間差異，也能配合一年中季節更換的菜單替換，提供最迅速、正確的產品資訊時，銷售數量一定會超越預期。而根據實際調查數字也顯示，有29.5%的登門客人認為數位菜單看板會對顧客購買產品的意願有所影響。

　　採用數位菜單看板的餐廳，多以POS機系統完成點餐程序，即由員工手動將餐點資訊輸入POS機出單。但POS機的導入成本較高，加上有些傳統POS機安裝複雜，又無法連網，店內報表等明細都只能離線列印出來或手機翻拍，無法在電腦上編輯，是目前採用此菜單的缺點。

　　數位菜單板的設計，有以下的基本概念（Screencloud, 2019）：

(一)添加顏色（adding color）

數位菜單同樣是以要吸引消費者的目光為主要目的，並進而吸引消費者消費，因此，色彩的配置相當重要。顏色的選擇也要考慮是否與餐廳的色系一致，例如：餐廳是屬於較明亮還是浪漫昏暗？是屬於顏色鮮豔的設計還是簡約和樸素？如果餐廳是白色牆面，以黑色為底色的畫面設計是能吸引注意力的方式；若是色彩鮮豔的空間中，數位菜單則可以選擇白色為底色。基本上，採用三種原色，即紅色、綠色、藍色，能夠提供最清楚的資訊予顧客。

(二)使用影音和移動（use video and movement）

在數位菜單上提供一些影音效果的內容可以吸引消費者的注意。如一杯冒著煙的熱飲咖啡或多汁的漢堡，都能夠與靜態的照片進行對比。提供影音效果的菜單，能夠為餐廳創造更高的獲益。

(三)選擇字體（choosing fonts）

數位菜單在選擇字體時，要先瞭解餐廳的品牌形象，以配合整體外觀。然而，字體的粗細程度以及標題與內容的強化程度則是主要考慮因素。

選定字體大小須先瞭解菜單螢幕與顧客的距離如何，如果消費者需要排隊至靠近的位置才能清楚知道餐廳販售的產品，即表示顧客無法容易看到菜單內容或是看不清楚菜單內容，即失去數位菜單看板應有的效能。

設計數位菜單看板一般會採用大尺寸的無襯線字體（sans-serif fonts），以便消費者可以一目瞭然地閱讀菜單提供的資訊。如果整個數位菜單是採用有顏色的設計，需避免使用多種字體或明亮、鮮豔的字體。這可確保消費者清楚看到定價並知道賣的商品為何，這可縮短顧客排隊的時

間，並儘快獲得欲選購的食物。

(四)創造行動（creating action）

數位菜單看板的目的是吸引顧客採取行動，從事消費。如果顧客已經知道他們想要什麼食物，就不會產生點購上的困難。但是，如果是新進顧客，此時的菜單看板便是引導消費者認識餐廳的最佳機會。隨時將餐廳的行銷資訊留在螢幕上或定期重複出現相同的資訊，可使其影像多留在消費者的腦海中，並進而刺激消費。

(五)使用逼真的圖像（use realistic images）

餐廳菜單板設計中最容易犯的錯誤是使用嚴重過濾或庫存圖像。一個成功的商業菜單看板的圖像，應該由專業攝影師拍攝，盡可能呈現食物和飲料的最佳照片，如盡量採用自然光，避免使用閃光燈，並使用乾淨的白色盤子和圖案或淺色的桌布作為背景。設計前可參考例如Instagram和Pintery的網站之照片，可以獲得相關的靈感。

(六)多些留白空間（add extra space）

如果餐廳提供的品項過多，須考慮區分成兩個或三個菜單，依照類別或是促銷的菜色進行拆分，而非全部塞進一個顯示螢幕。

每個菜單項目清單的周圍留白，可以讓顧客更容易閱讀。設置一個成功的數位菜單看板，其最佳方式是向他人學習，多去參觀其他餐廳已經使用的數位菜單看板，記錄其優、缺點，並轉化成為自己所需。

二、自助點餐系統

自助點餐系統指的是將自助點餐機設在餐廳內，顧客可以透過機台的點餐操作就可完成點餐。自助點餐機的設置之好處是可以幫助消化點餐

圖7-1　數位菜單看板已成為速食餐廳的首選

圖7-2　飲茶店櫃檯的傳統招牌式菜單，適合常態、固定式菜單

人潮，但是因為點餐硬體設備體積龐大，相當占空間，僅在麥當勞、摩斯漢堡等速食店較常看到。

　　圖7-3、圖7-4即是麥當勞採用的數位菜單看板與自助點餐機。麥當勞是速食產業的領導品牌。除了基礎固定產品之外，麥當勞均會定期地推出配合季節或流行的產品，因此除了位在櫃台後上方的數位菜單看板便能夠配合這些及時變化，因應需求進行更改，已普遍使用的自助點餐系統上所

圖7-3　麥當勞在布里斯本的旗艦店，菜單全面數位化。櫃台後為數位菜單看板。

圖7-4　在澳洲布里斯本的麥當勞，大部分的門市都有提供自助點餐系統，供消費者自行點餐

呈現的菜單內容，一樣會同步更換菜單資訊。

三、平板點餐

平板點餐指的是在實體餐廳內利用平板作為點餐工具，可以讓顧客自行操作，再透過線上出單，也能將平板跟POS系統結合，同樣具備完善的點餐及營運管理的功能。但由於平板電腦成本較高，基本上餐廳每桌都要放一台平板，設備充電與維護需隨時留意，這類餐廳多以旋轉壽司等餐廳使用較多。使用平板點餐有以下的優點：

(一)提高服務品質

大幅減輕點餐工作的負擔，使得服務人員能夠將點餐所需要的時間用於強化店鋪其他的服務，提昇顧客滿意度。

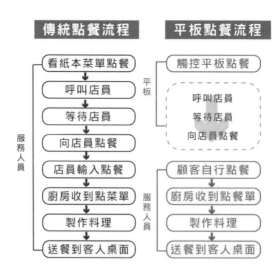

圖7-5　傳統與平板點餐流程比較圖

資料來源：https://www.hong-chiang.com.tw/zh-TW/category/D.html

表7-1　平板點餐導入前後比較表

導入平板點餐系統前	導入平板點餐系統後
• 更新餐點需重新印製紙本菜單，浪費成本。 • 如已售完或缺料餐點，服務員需一再告知客人。 • 忙碌時，客人等待餐點時間長，服務員人力吃緊。 • 人工送餐與點餐錯誤風險較高，易造成浪費與客訴。 • 顧客用餐時間拉長，降低翻桌率。 • 服務人員人力成本高，總體營運成本高。	• 菜單電子化，可隨時編輯餐點內容更新菜單，省去印刷成本。 • 圖式或條列式菜單清楚易懂，顧客可自行選擇，點餐快速不等待。 • 顧客可自行掌控出餐狀況與清楚結帳內容。 • 全自動化平板點餐系統，減少出錯率，降低客訴問題。 • 顧客平均用餐時間縮短，提高翻桌率。 • 人力成本降低，整體營運成本降低，利潤上升。

資料來源：https://www.hong-chiang.com.tw/zh-TW/category/D.html

圖7-6　Sushi Edo旋轉壽司餐廳的平板點餐介面

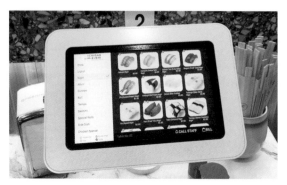

圖7-7　在澳洲的旋轉壽司餐廳，電子點餐菜單已經成為時尚

圖7-8　在台的日式旋轉壽司店也提供平板電腦供客人點餐

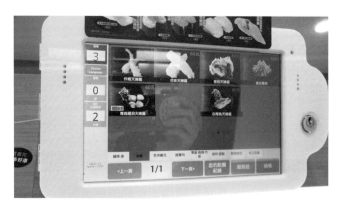

圖7-9　在台的日式旋轉壽司店也提供平板電腦供客人點餐（次頁面）

(二)提升回轉率

平板點餐可以將點餐內容直接送出，縮短點餐與送餐的時間，能提高餐廳的回轉率。也不需要等待服務人員，即可隨時可自行點餐。

(三)有效率節省時間

服務人員不需從事點餐工作，可集中心力進行送餐及接待客人的工作。

四、手機點餐

手機點餐指的是在實體餐廳內，透過現場的QR code掃描，讓顧客使用自己的手機直接點餐，完成點餐流程。中國大陸的微信在2017年便推出「掃碼點餐」；台灣則在2019年開始推出LINE直接點餐。但何種APP才是最適合作為手機點餐工具呢？以台灣為例，在台灣幾乎人人都有LINE，因此推廣此點餐系統的廠商選擇LINE設計點餐系統也是看中LINE在台灣的普及性，客人用LINE介面點餐可免去要求顧客下載APP或加入會員而流失顧客。

手機點餐作業完成之後會由雲端出單，店內出單機即同步收到訂單，所有點餐動作跟店家的後台管理都能在手機上的LINE或微信上完成，非常方便。行動點餐可除省去傳統POS系統與平板點餐的高成本、減少人力點餐的誤差、提升經營效率、降低顧客等待時間，預見未來手機點餐將會成為餐廳的未來趨勢之一。這項最新的點餐科技有以下特色（吳毅倫，2019）：

(一)顧客使用手機輕鬆線上點餐

餐廳不需要再提供服務人員之點餐服務，有效節省時間與人力成本。

(二)支援多種支付方式

手機點餐除了可以以現金或信用卡付款外，亦可整合行動支付。

(三)雲端自動出單，提高餐點製備與送餐效率

顧客點好餐後，餐廳內可自動出單，餐廳經營只需製作餐點及送餐，減輕餐廳人手負擔。

(四)介面簡單、輕鬆上手

餐廳與顧客只需使用餐廳指定的APP（如LINE或微信）即可完成點餐、菜單修正或是製作餐廳營運報表等，都可透過此一系統完成。

(五)餐廳可掌握正確數據，提高經營

消費者一旦透過這類手機APP點餐，線下的顧客即轉為線上會員，可隨時提供新產品資訊，有效達到行銷宣傳。

圖7-10　來自中國成都的大味火鍋，提供掃碼點餐的服務方式

專欄　如何用微信點餐系統來提升餐廳的服務效率？
　　　（中國大陸之案例介紹）

　　普通的餐飲店，往往在就餐高峰時期，餐廳裏等待點餐、排隊結帳的顧客都非常的多，給顧客帶來了很不好的服務體驗。這種現象的發生，有可能會導致老顧客的流失，更會造成新顧客不敢進店消費的情況。

　　餐飲業是離我們日常生活最近的行業，人群消費比較集中，各方的需求也比較大。隨著移動網際網路的快速發展，以往餐廳人手不足、點餐慢、收銀繁瑣的現象，將逐步得到改善與解決。透過樂外賣微信點餐系統，讓傳統的餐飲店，也能有機會、有能力往餐飲O2O智慧門店轉型升級。

　　微信點餐系統，在使用上簡單、便捷，顧客只需打開手機微信或支付寶，即可掃碼點餐與支付。……

線下（掃碼點餐、掃碼支付）

　　來店內消費的顧客，可在就坐後，自助掃商家桌位上的桌貼／桌牌等點餐二維碼，進入商家店鋪的點餐頁面，自助選擇所需要的菜品與服務。

　　顧客成功訂單提交後，前台的收銀機，會自動列印顧客的收銀小票，後廚的廚房印表機，則能自動列印廚房派工單。服務員可拿著收銀小票，與顧客確認商品詳情、桌號、用餐人數、備註等，所有信息，一目瞭然。

　　目前，樂外賣微信點餐系統，支持顧客使用微信掃碼和支付寶掃碼點餐、支付。使用微信掃碼點餐，即進入微信頁面，顧客提交訂單時，可選擇微信支付、支付寶支付、餘額支付、現金支付等方式。使

用支付寶掃碼點餐，則進入支付寶頁面，頁面一樣、流程一樣，可選擇支付寶支付、現金支付等方式。一個二維碼，即可搞定店鋪的點餐與收銀，為商家與顧客提供便捷與服務。

移動網際網路的發展，帶給我們的改變是巨大的。目前，微信點餐系統，對商家來說，已不再是陌生的新鮮事物，也可以說是越來越多餐飲實體店的標配。而掃碼點餐、掃碼付款，也已成為眾多消費者的日常消費習慣，這也是餐飲O2O快速發展的趨勢與優勢。

資料來源：https://kknews.cc/tech/bo3yx56.html，2017.6.20

第二節　改變通路的數位菜單

為因應網路世代的潮流，餐廳紛紛建立網站，將菜單的訊息公布在官網上，無非是希望消費者能夠在登門之前先行瞭解餐廳所販售的產品與價格，當然也對餐廳所提供的菜色能夠提前進行瞭解。

原本這個單向的資訊傳遞，卻逐漸透過網路平台的重新規劃，讓消費者能夠在官網或是移動裝置（如手機或是平板電腦）的應用軟體（APP）直接訂餐、付費，進一步在約定的時間前往取餐，提供外帶或是外送服務。

一、美食外送平台服務改變通路

被稱為千禧世代（Millennials）的1980和1990年代出生的人，是美食外送市場的主要消費人口。由於這個世代的年輕人剛好遇上新科技的成熟應用，促使餐飲外送App席捲全世界。目前全球外送產業的經濟規模在2019年已經超過一千億美元，知名的美食外送品牌有Uber Eats、

Deliveroo、Foodpanda等。

在這世代的年輕人認為，訂購外送服務已成為一種生活習慣與價值信仰。根據Statista的資料顯示，全球線上食物外送產業共有9.7億名用戶，整體經濟規模在2019年突破一千億美元（約三兆台幣），預計未來五年的年成長率將達10%，也為餐飲產業型態帶來衝擊與改變。

根據「凱度洞察」與「LifePoints」於2019年7月在台灣進行有關使用美食送平台的問卷調查結果，在免運費或優惠促銷的吸引，十六至六十歲的民眾當中已有40%、約587萬人曾經使用過美食外送平台，其中又以二十歲和三十歲的年輕族群使用率最高，而男性也略高於女性。**表7-2**是凱度洞察在這次的問卷訊問使用外送平台的原因分析，其中以「省去外出或排隊的時間」為首要原因，其次是天氣不好或是不想出門，詳細數據如**表7-2**之內容。

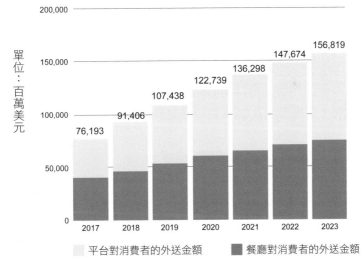

圖7-11　全球外送市場總營收金額

資料來源：〈外送App全球十強是誰？經濟規模多大？一圖看美食外送市場的未來〉，https://www.managertoday.com.tw/articles/view/58594

表7-2　持續使用美食外送服務的前五大原因

	全體使用者	重度使用者	中度使用者	輕度使用者
1.省去外出或排隊的時間	61%	56%	59%	72%
2.天氣不好／不想出門	55%	44%	60%	49%
3.平台提供促銷折扣活動	41%	50%	42%	31%
4.合作餐廳、店家多	40%	53%	37%	33%
5.送餐速度快	32%	38%	32%	23%

資料來源：黃敬翔（2019），〈你愛Foodpanda還Uber Eats？5張圖揭露：誰是外送App愛用者、哪類餐點最熱門〉，《經理人》。

影響食物外送APP市占率的因素如下：

1. 商業模式：由美食外送公司負責外送服務或是由餐廳自行外送，會因牽涉到成本問題，造成消費者可能需支付更多的費用。
2. 夥伴關係：簽訂具品牌知名度的餐廳之獨家合作關係，如Uber Eats與麥當勞、星巴克等國際知名飲食品牌建立夥伴關係。此舉強迫消費者只能透過Uber Eats才能買到麥當勞等特約餐廳的產品。
3. 行銷方案：利用一些行銷設計綁住消費者，如每月固定訂閱餐飲資訊情報，訂閱費可折抵食物外送之費用或是免收外送服務費等。

二、數位美食外送平台的服務模式

數位外帶或外送菜單指的是利用網路平台提供消費者餐廳菜單的明細，消費者可以在網路上進行點餐下單並可以網路付款，並可依據餐廳提供的服務內容，選擇外帶或是外送服務。以下將介紹由餐廳主導的數位點餐平台與新興的專業美食外送平台之服務模式。

(一)餐廳主導之外帶與外送服務

剛進入數位行銷的餐飲市場，剛開始多是由具資本能力的大型連鎖速食餐廳，如麥當勞、肯德基，或是達美樂披薩等，透過本身的官網提供此類服務，後來則甚至開發屬於自己品牌的APP，提供使用率極高的行動裝置使用數位訂餐服務。

由餐廳或該集團自行主導的外帶或外送服務，提供外帶服務的網路平台可以是大型連鎖餐廳的官網，在官網上將餐廳產品內容以數位菜單提供外帶服務；但也可以透過品牌APP提供的數位菜單進行點餐，如**圖7-12**、**圖7-13**的肯德基提供的手機APP點餐，或是**圖7-14**的達美樂的官網點餐服務。

圖7-12　KFC炸雞的APP外帶餐點首頁

圖7-13　KFC炸雞的APP外帶點餐選項

圖7-14　台灣達美樂的官網點餐服務

(二)美食外送平台的外帶與外送服務

　　現今流行的美食網路外送平台補足了餐廳外送人力不足的問題，加上專業的行銷與外送品質掌控，在現今獲得千禧年代族群的青睞。如**圖7-15**的Menulog，不僅提供外帶服務，也有外送服務，類似的美食外送平台尚有Uber Eat等。**表7-3**列出目前世界十大美食外送平台的明細。

圖7-15　Menulog提供外帶與外送的線上服務

表7-3 全球十大食物外送APP

食物外送APP	背景	營運地區
Uber Eats	總部位在美國,為Uber集團之旗下事業,強調將附近餐廳餐點以最快速度送到用戶所在地。	將近一千個城市,橫跨美國、印度、巴西、日本、墨西哥、澳洲等國。
Foodpanda	總部位於德國柏林。	將近四十三個國家。
Deliveroo	總部位在倫敦,目前為歐洲最受歡迎的外送App。	全世界兩百個城市。
Grubhub	2004年於芝加哥創立,提供二十四小時客服團隊處理用戶與餐廳夥伴間的關係。	主力國家為美國,服務超過2200個城市。
Zomato	除了提供點餐廳食物外送與餐廳訂位的服務外,還結合社群機制,追蹤用戶對餐廳之評價。	在二十五個國家經營,如印度、澳洲、美國等市場。
Swiggy	總部位於印度,為印度排名第一的美食外送APP。	在印度的八個城市營運。
Just Eat	2001年於歐洲創立,與8,200家餐廳合作,提供餐廳的外送平台,後來也提供與Foodpanda的類似服務功能。	歐洲。
DoorDash	總部位於美國舊金山,強調客戶滿意度與食物品質,提供評分機制。	主力市場在加拿大與美國,共三百個城市。
Postmates	總部位於美國舊金山,除了外送食物,還能外送酒精飲料。	主力國家為美國的九十個城市。
Domino's	披薩連鎖品牌達美樂的自家外送系統,也是第一家速食外送APP。	有達美樂連鎖披薩店的國家多可使用。

資料來源:作者整理自Amandeep Singh (2019), "Top 10 Successful Online Food Delivery Apps in the World".

三、外送菜單之規劃

餐廳外送可分兩類,第一類是傳統模式,指的是由餐廳接單,並由餐廳之工作人員從事外送之工作,如達美樂、必勝客等披薩店之外送服

務。第二類則是餐廳與外送電商合作，餐廳不需安排外送工作，由電商公司從事外送服務。後者之餐廳外送模式已成未來餐飲趨勢，2017-2018兩年，台灣「美食外送電商」市場規模從新台幣三億元擴增至三十六億元，市場並預測未來三年，台灣餐飲市場規模有機會再成長五倍。因此不論是傳統餐廳或是準備進入餐飲市場的新興餐廳，都須思考此類餐飲外送市場所帶來的商機。

一般餐廳與外送電商合作所推出的菜單，約可分為下面三類：

1. 與餐廳原設計之菜單內容相同。
2. 自餐廳菜單挑選適合外送之菜色，避開手工菜或是烹煮時間較長的菜色，濃縮成外帶版之菜單。
3. 透過合作的外送電商之大數據分析，修正自家餐廳之菜單。以Foodpanda為例，服務內容尚包括協助餐廳建立線上菜單，店家只要專注在接單、出餐，訂單處理都由Foodpanda來處理。UberEats也以大數據設計出新菜單，曾推出「快閃廚房」活動，詳細內容如專欄之報導。

專欄　用數據研發新菜單，UberEats推「快閃廚房」衝刺訂單量

Uber旗下外送服務平台UberEats在台推出兩年後，十一日推出新服務「虛擬快閃廚房」，運用數據挖掘外送市場缺口，提供消費者想吃卻苦無外送的料理，並給予業者測試新菜單的機會，藉此創造更大的訂單量。

外送美食成為叫車平台激烈競爭的大餅，而Uber旗下外送服務平

台UberEats從2016年推出至今，遍及全球三十個國家、兩百個城市，透過App讓每個人都能輕鬆找到好料，為了創造更大的訂單量，滿足外送美食市場的缺口，UberEats今（十一）日推出「虛擬快閃廚房」新服務，運用大數據找尋外送市場的缺口，並給予業者測試新菜單的機會。

用數據找尋外送缺口，虛擬快閃廚房應運而生

四月剛上任的UberEats台灣區總經理李佳穎提到，「UberEats虛擬快閃廚房是全新的合作商業模式，幫助餐廳用最低的成本去測試市場。」UberEats運用大數據分析消費者習慣，觀察每日會員的餐點類別、訂單量多寡，去找出外送市場的供需缺口，像是台灣人想吃卻苦無外送的料理，以泰式、韓式居多。

UberEats台灣區總經理李佳穎表示，UberEats虛擬快閃廚房是全新的合作商業模式，幫助餐廳用最低的成本去測試市場。UberEats在以不增加營運成本之下，虛擬快閃廚房可讓合作的餐廳運用原有的廚房設備與人力，進行新菜單的研發與開發新的餐飲品牌，因此消費者可以在App上發現原本實體店家沒有的新菜單，而UberEats也會運用數據去幫助業者做菜單上的調整，藉此開發更多的客群。合作餐廳的標準會以App上餐廳的口碑與訂單量去做審核評估，首波合作的店家共有十五家，包括韓式、泰式、新加坡、港式等異國美食。

另外UberEats也發現到，美食外送的蛋黃區多集中在大安區、松山區、中山區、信義區、中正區，即便餐廳林立高度競爭，但只要切進對的餐點，仍有龐大的商機，UberEats希望運用科技提高餐飲業的成功率，為台灣的中小型餐廳帶來更多機會，也增加平台的訂單量。

在全球叫車平台勢力板塊逐漸明朗化的趨勢下，餐飲外送服務成為各平台的延伸產品，從台灣UberEats推出的虛擬快閃廚房，也可看

出Uber想藉由餐飲外送服務尋找新的成長點。

資料來源：陳映璇（2018），〈用數據研發新菜單，UberEats推「快閃廚房」衝刺訂單量〉，《數位時代》，https://www.bnext.com.tw/article/49472/uber-eats-taiwan。

圖7-16　台灣許多知名餐廳都已與Uber Eats合作提供外送服務

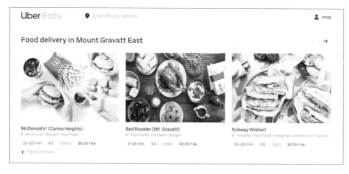

圖7-17　Uber Eat外送餐在電腦的線上畫面

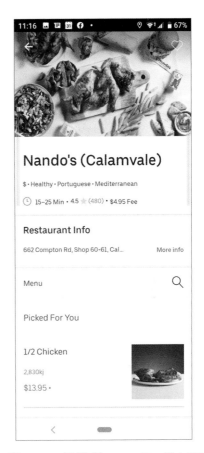

圖7-18　外送餐Uber Eat的APP 點菜首頁

圖7-19　外送餐Uber Eat的APP 點菜，選擇Nando's

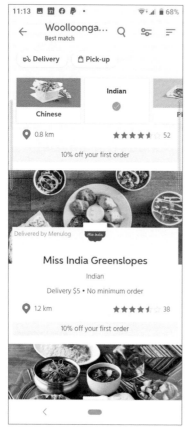

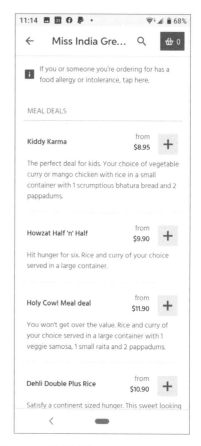

圖7-20　外送餐Menulog的手機　　圖7-21　外送餐Menulog的手機
　　　　APP菜單　　　　　　　　　　　　APP菜單明細

參考資料

How To Create a Digital Menu Board, 2019, https://screen.cloud/blog/how-to-set-up-digital-menu-board#benefits-of-digital-signage-menu-boards

What is a digital menu board? https://www.quora.com/What-is-a-digital-menu-board

https://www.ubereats.com/en-AU/

https://www.menulog.com.au/

AMANDEEP SINGH (2019), Top 10 Successful Online Food Delivery Apps in the World, https://www.netsolutions.com/insights/top-10-successful-food-delivery-apps-in-the-world/, 2019年11月23日瀏覽

Benefits of digital signage menu boards, https://screen.cloud/blog/how-to-set-up-digital-menu-board#benefits-of-digital-signage-menu-boards，2020年8月1日瀏覽。

通達九邦，餐飲電子菜單，http://www.tdgb.com.tw

鴻匠科技，https://www.hong-chiang.com.tw/zh-TW/category/D.html

〈前進基隆與台南！Uber Eats 發表台灣數據挖掘早餐、宵夜新商機〉，https://www.inside.com.tw/article/16841-Uber-Eats-2019，2019年11月22日瀏覽。

楊晨欣（2019），〈外送App全球十強是誰？經濟規模多大？一圖看美食外送市場的未來〉，https://www.managertoday.com.tw/articles/view/58594，2019年11月23日瀏覽。

吳毅倫（2019），〈「快一點」LINE點餐系統 減少20%人力成本〉，《經濟日報》，2019年7月30日，https://money.udn.com/money/story/10860/3960419

〈線上點餐介紹｜餐飲業開店必看！LINE點餐、平板點餐、POS機…怎麼選？〉2019年8月29日，https://www.quickclick.cc/online-order-introduction/

林冠廷（2019），〈外送平台還在擴張，合作餐廳為何開始群起抵制？〉，2019/10/03，https://www.cw.com.tw › article › article.action，2019年11月27日瀏覽。

陳啟章（2019），〈外送平台和餐飲業如何共創雙贏？這是四件可以做的事情！〉，2019/10/15，https://www.inside.com.tw/article/17809-food-delivery，2019年11月27日瀏覽。

鄧天心（2018），〈為什麼餐廳內用空間越來越小？外送App帶來的新經

濟正在全面改寫餐飲業生態〉，2018/10/30，https://buzzorange.com/
techorange/2018/10/30/restaurants-shrink-as-food-delivery-apps-get-more-
popular/，2019年11月27日瀏覽。

黃敬翔（2019），〈你愛Foodpanda還Uber Eats？5張圖揭露：誰是外送App愛
用者、哪類餐點最熱門〉，《經理人》。https://www.managertoday.com.tw/
articles/view/58313

Chapter

8

菜單的價格與行銷策略

本章將針對商業型態的餐廳，討論經營者如何制定菜單價格，並利用菜單進行行銷策略以增進餐廳的最大利潤。

第一節　菜單訂價策略

菜單販賣的品項與設計內容與餐廳的定位有不可分割的關係。設計菜單包含多樣的元素，菜名與菜色的介紹都能透過餐廳的主廚提出想法，然而如何擬定正確的價格，則攸關餐廳的獲利與生存。

但怎樣的訂價策略能夠確保餐廳賺錢？食物成本和食材份量控制是兩項重要元素，能夠精準掌握此兩個部分才能夠正確訂出菜單上的價格。但決定定價之時亦需考量當地市場價格，小心閉門造車，以平衡昂貴和廉價的品項以創造最大利潤。以下將介紹食物訂價時需認識的利潤毛利和食物成本，接下來再進而討論價格表與價格的設計（Rapp, 2013）。

一、利潤毛利

餐廳的毛利百分比指的是餐廳將總收入扣除所有費用開支後所剩餘的收入。如何正確計算利潤毛利（gross profit margin）的百分比，需將開支分為三類：食品和飲料成本、薪資，以及店租成本。在一般理想情況之下，食材和飲料成本約占總收入的30-35%。人力成本約占30%，而餐廳店面，包括租金、保險、稅項和營業許可證等費用，應該在20%左右。

扣除以上的成本百分比，餐廳利潤應約占20%，也是餐廳需設立的目標。若以為將定價提高可以提高餐廳收入，基本上是將顧客推到門外的不智之舉。

二、食物成本

食物成本（food cost）是指某道菜餚的菜單價格與該菜餚的食物成本相比。換言之，餐廳經營者支付的食物成本決定了必須向顧客收取的費用。

依照一般理想的狀況下，食物成本應該在30到35%附近。此意味如果餐廳支付了1元的食物成本，餐廳則應該向消費者收取最少3.35元。以下將舉出兩案例進行成本控制的計算與定價方式：

(一)食材成本計算

食材淨成本額＝期初庫存額＋本月庫存額－期初庫存額 ± 成本調整額－各項扣除額

■案例

假日飯店五月底盤點乾香菇庫存0.5公斤，每公斤進價為200元，六月份再進貨香菇10公斤，月底盤點時還剩庫存0.8公斤。

香菇成本額：（200×0.5）+（200×10）-（200×0.8）
　　　　　　=100+2,000-160=1,940（元）

(二)毛利定價法

■案例（算法一）

好吃火鍋店的牛肉進價成本每公斤800元，估計每份的調味料約5元，烹煮瓦斯費為15元，合計成本為800+5+15=820元。餐廳預估毛利率為40%，則一公斤牛肉定價應如下之計算：

$$820 ÷（1-40\%）=1,366元$$

■案例（算法二）

好吃火鍋店的明蝦訂價一份300元（約200克），餐廳預估毛利率為30%，則進價成本每公斤明蝦應如下之計算：

明蝦訂價一公斤為：300×（1,000g÷200g）=1,500（元）

（食材成本）明蝦一公斤＋調味料＋瓦斯費=1,500×（100%-30%）=1,050元

估計每份的調味料成本約5元，烹煮瓦斯費為15元，則明蝦購入成本一公斤為1,050－5－15=1,030（元）

三、價格表的設計

(一)不使用貨幣符號

食物的價格是菜單內容相當重要的元素之一，因為這項資訊可以讓客人在菜單上獲得詳細的商品內容進而挑選菜色，是讓業者在獲利和不嚇跑客戶之間的一種平衡。

根據相關研究建議，菜單上的價格應避免放上貨幣符號（＄），因為任何貨幣符號的出現都會讓客人聯想花錢之後造成荷包失血的痛苦，便可能影響他們根據價格的高低來進行點菜，而不是根據食材成分、品質或吸引人的品項來選擇菜色。另一項研究顯示，如果價格不排成一行讓客人便於比較，這樣的設計技巧會更加有效，這是另一種菜單的價格設計策略。

(二)埋沒價格

「價目表」常是菜單設計上的「首要問題」（number-one problem），將價格放在同一列中會導致客人的目光注意到價格，而非食物，並可能導致他們選擇最便宜的商品。為了解決這個問題，有些餐廳會

將價格置於最底端，讓菜單價格不至於過於明顯。

　　另一種方式是設定一個高價的菜餚，如一客「乾式熟成牛排」要價台幣5,000元，卻可讓這道菜之上下的其他菜餚，如賣台幣1,500元的「乾煎鱈魚」顯得特別的便宜，這樣的訂價方式是指設計一種誘餌（decoy），來促使客人點購其他看起來便宜的菜餚。誘餌是一個菜單項目，似乎離譜昂貴，但不一定是餐廳真正想要販賣的商品，反而是透過這個誘餌顯示出其他菜餚的合理價格，進而誘使客人點購其他的菜餚。

四、價格的設計

(一)友善的數字

　　許多行業會利用人們對於數字敏感的心理學，對於販賣的商品進行特別的價格設計。以美國為例，譬如房子或汽車利用美元來進行數字的訂價設計，不同的數位組合有不同的含義。例如：以小數點99結尾的價格較強調商品的價值（但不一定是品質）；而以95結尾的價格則較能拉近與消費者的距離，表示友好，也稱為「友善的數字」。菜單定價的目的是為了創造餐廳更高的利潤，具有三十年經驗的美國菜單工程師Gregg Rapp特別指出，以.00結尾的價格似乎太過「悶熱」，不容易被接受，而以0.9或是0.95結尾的價格則被認為是更友善和更吸引人的數字。若應用到台灣的商品訂價，原本100元的商品，若採99或是95元的友善訂價，更能吸引到顧客。

(二)善用小數點（尾數）

　　菜單訂價是一門藝術，也是一門科學。科學部分應植根於實現目標理論食品成本和利潤空間。它的藝術部分是如何使科學部分，更令人垂涎和吸引力。如果餐廳跟客人收費一項產品是7.43美元，只是因為那是他們確切算出來的，將31%的食品成本計算在內所得的數字，但沒有餐廳會直

接使用這樣的數字。

　　通常Gregg Rapp建議使用幾個小數點的數位和避免使用貨幣符號。Rapp建議小數點四捨五入或是全數進入會比完全捨去較能符合餐廳的利潤和客人的期待。此外，不建議與競爭對手進行價格競爭，若是都以價格低於競爭對手的策略獲得消費者青睞，這樣容易造成經營者面對未來的市場競爭將會更為辛苦。

　　雖然，如何處理美分（cent）是最被常問的問題之一，但該選擇小數點全進入（round up）或小數點全捨去（round down），或是該使用0.99還是0.95美元，都應該以餐廳對於菜單整體的訂價策略為主做一考量，而不單只是針對成本的真實數字或是語義上的考量決定菜單的定價。

　　對台灣的餐飲業而言，原本200元訂價的菜色，若能採用195或199元來訂價，相對於美元，也有同樣的效果。

圖8-1　不是排列成一行的價格，較不容易被客人比較價格

圖8-2　價格的小數是.9或.95是較友善的訂價策略

第二節　菜單行銷策略

　　如何吸引顧客透過菜單進行更多的餐食點選，通常需要加入一些心理因素的分析，Canva設計顧問公司特別針對菜單的版面與內容設計出有效的行銷規劃，以增進顧客的點餐機率，其內容介紹如下：

一、菜單提供顧客第一印象的重要價值

　　根據蓋洛普的一項調查，客人看見菜單的首要習慣，是快速掃描菜單，而非認真地從正面閱讀到背面菜單，且平均花費只有109秒。這意味著餐廳菜單是在很短的時間來產生很大的影響。

　　為了讓客人對菜單有快速的記憶，餐廳可以透過使用清晰的標題與分類讓菜單更易快速閱讀。一般而言，在掃描垂直排列的菜單，客戶往往會花最多的時間查看「第一個」和「最後一個」品項，因此餐廳希望主推的產品應該放在這些位置。

二、瞭解顧客的菜單閱讀模式

　　根據大部分的研究均顯示，當顧客在掃描菜單時，他們的眼睛往往會首先被吸引到菜單的「右上角」，在業界被稱為「甜頭」（sweet spot）。因此，許多餐廳會將他們最想賣的菜單品項（通常是昂貴的菜）放在那個地方。如將高價海鮮放在右上角，突顯出它與一個有搭配的圖片，而不是僅將圖形或插圖置於菜單的右上角，菜單透過這樣明顯、吸睛的排版設計，足以吸引顧客的目光朝向那個地方。**表8-1**為菜單設計專家Janie Kliever，自他過去的設計經驗提到餐廳菜單的設計需考慮到顧客的目光容易注視與忽略之處，作為經營者利用菜單設計之心理學的行銷優勢。

三、強調某些菜單品項

　　專業人士稱「吸睛」（eye magnets）指的是任何可以吸引眼睛目光的

表8-1　菜單最吸引注意與被忽略的位置

菜單頁數	最容易吸引注意的位置	最容易被忽略的位置
僅一頁	此頁的最上方	此頁的最下方（底部）
左右兩頁	右頁的最上方	左頁的最下方（底部）
三頁（整本形式）	第三頁的最上方	第一頁的最下方（底部）
多頁的整本形式	每頁的最上方	每頁的最下方（底部）

資料來源：Janie Kliever, 10 menu design hacks restaurants use to make you order more.

圖8-3　ROLLD越南速食餐廳菜單三頁，第三頁右上方的位置有特別設計強化

物品。以菜單而言，它可以是盤子的照片、圖案或插圖、色彩或陰影、邊框等。這些裝飾也可以提供菜單一些氛圍，如想提供客人懷舊的意象等。

　　一份菜單可以使用多個類似的功能，包括帶實線和虛線的陰影框和框架，或是像絲帶和箭頭圖案等的元素，帶領顧客眼睛沿著菜單頁面旅行。

　　另外，也可將一些價格較高的菜單品項組合在一起，將這類的分組以加框的裝飾設計，可以吸引客人的目光，並鼓勵客人從這個選擇中點購菜色。但若是使用過多，則效果就越小。此外，尚可考慮在每個類別（例如開胃菜、主菜、甜點等）設計一個加框。

圖8-4　PAPARICH馬來西亞餐廳外帶菜單的各類別均以加框
　　　　區隔，強化客人視覺效果

圖8-5　有加框的菜單設計，較容易吸引客人目光

四、用顏色來影響顧客的情感

人們對顏色的感覺多是以情感的方式呈現，往往是屬於下意識的。對於菜單而言，紅色和藍色一般被認為有助於引發食欲，例如以海鮮為主題的餐廳，讓人想起新鮮的海洋捕獲的魚，海洋的藍色可以讓顧客將海鮮與巨浪和鹹鹹的海洋空氣聯繫起來，餐廳可以做出加強這些聯繫的設計選擇。

圖8-6　元貝漁場的海鮮餐廳菜單便以藍色配上海洋圖片強化餐廳的主題意象

圖8-7　欣葉小聚餐廳的外帶菜單以顏色區隔類別

五、菜餚照片的適當使用

　　菜餚的照片是否有效地協助菜單設計上更加完整，主要程度取決於餐廳的類型。餐廳一般會將每一道菜的菜名配上菜餚照片，此屬於較為平價餐廳的消費模式，高端餐廳則會避免這樣的設計模式。

　　但也有研究顯示，菜餚的照片確實可以增加該菜單項目之30%的銷售額。 如美國的Applebee連鎖餐廳，選擇在菜單上展示每一道菜餚的照片，屬於休閒、平價的餐廳。

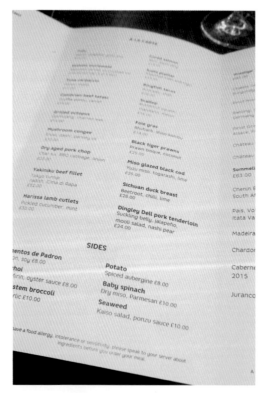

圖8-8　倫敦米其林一星的Maze餐廳，
菜單相當簡約且無任何照片

六、使用描述性語言

　　菜餚的名稱和其描述的內容實為菜單的核心，因為客人主要是根據這些資訊來選購食物。美國康奈爾大學食品和品牌實驗室主任Brian Wansink博士進行的實驗發現，描述性的菜單內容若能提供適當、具吸引力的內容，如「海鮮魚片」改成「多汁的義大利海鮮魚片」的描述內容，會讓菜餚銷售量會上升近30%。

　　描述性的語言可能包括與口感有關的，如「嫩」、「多汁」；或是與地理環境有關的文化／地理術語，如「法國的馬賽」和「義大利的拿波里」等；或是懷舊的用詞，如「家傳正統」或是「婆婆的……」等之額外描述，都可增加一定的銷售量。

七、讓顧客在用餐過程中能有一些懷舊想像

　　Wansink博士和其研究小組發現，描述性菜單可以通過多種方式有效呈現，包括地理、懷舊、感官或品牌意象。在菜單中注入懷舊的力量，這種方法可能包括提醒客人「過去的傳統食物」，用「傳統」或「自製」，或食譜的歷史等。一旦菜餚注入人性化的描述，就會脫離商品的商業範疇，挹注更多人文情感。

　　圖8-9強調賣的是埃及的「傳統」料理；圖8-10為名古屋某餐廳強調賣的「名古屋」當地特色食材所製作的菜餚套餐，以上菜單均運用「傳統」與強調「在地」的特色，都能增加消費者選購的興趣。

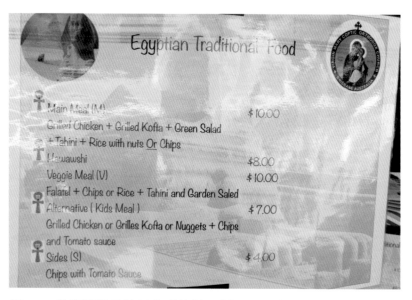

圖8-9　強調賣的是埃及的「傳統」料理，更容易吸引顧客的興趣

圖8-10　強調套餐菜色皆來自當地「名古屋」的特色食材與菜餚

專欄

東南西北四大天王級總舖師八手聯彈！
重現即將失傳的古早辦桌菜　經典菜單完整報你知

　　你有多久沒有吃辦桌了呢？隨著環境及飲食習慣改變，精緻宴會料理逐漸取代了在馬路旁搭棚的辦桌，而且很多古早味的菜色也越來越難吃得到。君品酒店特別在10/22~10/23兩天的晚餐時段，舉辦兩場「辦桌宴」，邀請到分別代表台灣東、南、西、北，四大天王級總舖師陳兆麟、黃宏銘、高景泉及林明燦，獻出史上第一次聯手合作。即將失傳的菜色、專業辦桌水腳阿姨，都在「辦桌宴」裏原汁原味呈現。

　　這次由四位天王級總舖師一同聯手設計菜單，特別推薦由陳兆麟師傅所帶來的「五代秘製金雞」，運用正宗宜蘭烹調手法，加入「冰糖」調味，使其帶出麻油雞的清甜順口；林明燦師傅則演繹「唯一傳承紅牛牛奶蹄筋」，這道台菜幾乎已經失傳，阿燦師將其重現，並使用也是古早品牌的紅牛奶粉，帶出湯頭的濃醇香。

　　高景泉師傅將製作工序繁複的經典辦桌手路菜「八寶栗子鴨」，鴨肉劃開時，裏頭是滿滿的八種餡料，是道非常吉祥的菜餚；黃宏銘師傅帶來經典傳統台菜「乾坤四物肚」，先將豬肚翻面刮洗乾淨後，塞入排骨與四物，加入當歸、米酒及水燉煮約莫六小時，濃郁的湯頭搭配入口即化的豬肚，為一道溫潤補血的養氣湯。

辦桌宴菜單

1. 十全十美大拼盤（龍蝦火腿沙拉、螺肉罐頭、宜蘭膽肝、紅糟肉、五味九孔、蘭陽鴨賞、生腸、滷香菇、粉腸、蟳粿）
2. 五代秘製金雞

3.林家八十年河鰻老油條

4.八寶栗子鴨

5.現炸金桔大蝦

6.唯一傳承紅牛牛奶蹄筋

7.渡小月特製紅蟳米糕佐玲瓏湯

8.乾坤四物肚

9.油炸拼盤（糕渣、芋泥捲、菊花酥）

10.寶島水果塔

資料來源：余玫鈴，https://www.ctwant.com/article/10127，2019.10.9.

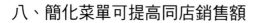

八、簡化菜單可提高同店銷售額

美國著名餐飲顧問公司Aaron Allen曾經針對2013-2017年的連鎖速食餐廳之菜單進行一項研究，發現菜單品項減少之後的餐廳收益高於菜單品項增加的餐廳。研究中有提到一些指標性大型連鎖店，如約翰爸爸（Papa John's）、索尼餐廳（Sonic Drive-in）和塔可鐘餐廳（Taco Bell），這些餐廳在2013-2017年，菜單品項前後增加約28%，較原菜單尺寸之大小增加1.7倍。與此同時，乳品皇后（Dairy Queen）、唐恩甜甜圈（Dunkin'）和小凱撒披薩（Little Caesars）的菜單品項減幅最大，但這些餐廳的銷售額平均增長3.3%，而相對於增加品項的餐廳，其銷售額平均每年增長1.9%來比較，五年下來，差異為14%，使得「菜單簡化」概念更受到重視。

另一項以麥當勞為例的研究發現，麥當勞曾經將菜單上的商品從1980年的30個品項增加到2014年的108個。當Steve Easterbrook在2015年接手麥當勞總裁時，決定削減33%的菜單品項，當時受到許多的反彈。

後來在2017年又將品項增加到87個品項，結果造成「得來速」（drive through）的服務速度減緩，其惡化程度高達13%，又引起民怨。

　　另一個數字也顯示菜單簡化的重要性。美國一些頂級速食餐廳（QSR）當中，擁有最為簡化設計菜單的餐廳在每項產品的交易次數是一般複雜菜單的2.7倍。這凸顯了未來餐廳所應採取的菜單策略之一。而「菜單簡化」的執行也對未來餐飲服務的人力需求壓力之舒緩是正面、有效的解決方法。

第三節　菜單行銷策略的延伸

　　餐廳不僅利用菜單讓現場的顧客願意掏出腰包消費，也可以利用菜單吸引新顧客、舉辦活動等增加顧客消費的機會，提高餐廳獲利。

一、建立客戶資料庫

　　餐廳可以透過潛在顧客的電子郵件發送每日優惠和特價。在中午之前發送午餐的特惠活動或價格，以美味的圖片和文字描述提供的食物和飲料內容來吸引顧客上門。

　　顧客資料庫是餐廳促銷的最佳工具。　例如在餐廳的「歡樂時光」（happy hour；歡樂時光通常在週一到週四的下午四點到八點之間）之前，透過電子郵件或手機簡訊提供或提醒消費者當天的某時段之促銷活動。讓顧客在漫長的工作日之後享受歡樂時光的食品和飲料價格。製作一個歡樂時光的菜單，包括半價酒單、便宜的雞尾酒和配菜等，容易吸引顧客前往消費。

二、提供一定程度的折扣

在菜單上不定時提供折扣，例如八折的優惠，即可吸引顧客上門。為了刺激潛在客戶，八折優惠是一項利器，此百分比折扣足以吸引目標客戶群體並賺取利潤。

另外，餐廳也可以採「買一送一」的優惠方式，這是吸引新顧客非常有用的方法。如果客人選擇外帶，不占座位，若能提供類似九折優惠的方式給外帶客人，也能夠吸引客人上門消費。

三、推出特別專案之優惠

餐廳可以搭配當地的一些大型活動，吸引顧客共襄盛舉。例如：餐廳可以利用觀賞運動季節的熱潮，適時推出促銷活動，利用各個運動季節作為讓顧客進入餐廳的好方法。餐廳在該季節可以製作一份關聯性、優惠的菜單，像是在這個活動當中，給予菜單上的菜餚或飲料與體育有連結關係的名稱，引起顧客的共鳴。也可進一步在運動季節中規劃特色派對，如美國的超級杯派對，並提供餐廳員工特色T恤等融入活動當中。

圖8-10　提到Happy Hour的黑板菜單設計

四、舉辦品酒活動

餐廳也可以嘗試在一年中的任何時間規劃舉行「品酒之夜」，但需要引進品酒的專業人士或是侍酒師協助進行這類的活動，或搭配葡萄酒生產商或其經銷商共同規劃活動。一旦顧客習慣參加餐廳這類的品酒活動，未來便可以帶來長長久久的業務往來。

舉辦這類活動的最佳日子是星期五和星期六，顧客可以放鬆，且不必擔心隔天還需要上班。

可以透過提供客人的菜（酒）單內容，搭配正式邀請函，透過與餐廳和葡萄酒商的社交網路，進行資訊傳遞予餐廳的球迷。

五、提供餐廳評價活動

對於許多餐廳而言，最好的促銷仍是藉由「口碑」來傳遞知名度。但對於千禧世代而言，這些口碑主要是透過社交媒體管道或入口網站來分享關於餐廳的經驗和評論（review）。

為了能夠獲得正面評價，需要留意提供顧客的相關體驗。例如食物的擺盤外觀、親切的服務、優惠的價格、良好的氣氛、優雅的音樂、乾淨的廁所等。若能滿足客人以上的需求，便能讓顧客成為常客。

參考資料

網路資料

http://aaronallen.com/blog/restaurant-menu-design-engineering/menu-engineering-pricing-strategies，2018年7月15日瀏覽。

Aida Behmen - Milicevic, Restaurant promotion ideas – how to attract new customers, https://possector.com/marketing-promotion/restaurant-promotion-ideas，2019年6月26日瀏覽。

Janie Kliever, 10 Menu Design Hacks Restaurants Use to Make You Order More，https://www.canva.com/learn/menu-psychology-design/，2019年12月20日瀏覽。

Gregg Rapp (2013), Menu Engineering: How to Raise Restaurant Profits 15% or More, https://www.menucoverdepot.com/resource-center/articles/restaurant-menu-engineering/，2019年12月31日瀏覽。

Chapter 9

點菜與說菜技巧

第一節　點菜之技巧

一、何謂點菜？

　　點菜指的是消費者至實體餐廳或透過線上點菜系統點選欲選購的食物。一般而言，點菜大多可以由消費者自行完成；但如果消費者前往從未體驗過的餐廳，可能需要餐廳服務人員的協助才能順利完成點菜。因此餐廳的服務人員必須具備協助客人點菜的能力。

　　但有些餐廳客人到餐廳消費，會習慣找熟悉的餐廳服務人員來協助點菜，究其原因，是因為這些服務人員較熟悉固定上門的顧客其喜愛的口味，而一位專業的外場也必須對食材特性深入瞭解，對餐廳的每一道菜色的烹調方式及邏輯性的搭配都能瞭若指掌，才能推薦適當的菜色給顧客。

二、點菜需注意事項

　　一位專業的外場服務人員必須具備充足的專業知識才能應付各樣的顧客。　所以稱職的服務人員不僅只是接收客人的指令點菜，並且能夠根據客人的需要推薦適當菜色，也是能站在餐廳立場幫助餐廳賺取更大利潤的專業點菜顧問。以下便按照餐廳類別與飲食限制與禁忌，介紹協助客人點菜時需注意的事項。

(一)餐廳類別

　　在台灣，一般宴客用餐常分中西餐兩種，當然現今餐飲市場有更多的選項，包括日本料理、韓國菜、東南亞料理等，各種不同類型的餐廳所販售的食物不盡相同，點菜也有一定規範。以下主要針對中餐與西餐的點

圖9-1　餐廳服務人員必須具備專業能力，才能勝任點菜工作

菜注意事項加以說明：

■中餐

　　由於中餐是國人最為熟悉的餐點，因此要成為一位稱職的中餐點菜的服務人員，需認識中餐的種類，包括小吃、單點、合菜、套餐及桌菜。中餐的點菜邏輯無論從點菜還是上菜，都必須按照分類依照順序。

　　傳統的中餐宴客菜單來看，一般自前菜的四冷菜、四熱炒開始，也有四種冷盤組成的大拼盤。有時種類可多達十種，如涼拌海蜇、滷牛腱等。冷盤之後，有時可接著出四種熱盤的開胃菜，常見的如腰果蝦仁、左宗棠雞等；在開胃菜之後，一般我們又稱為大菜，即較頂級食的菜色才會排在開胃菜之後，大菜的道數通常是四、六、八等的偶數，因為傳統的中餐也採偶數為吉數。在高檔的餐宴上，主菜有時多達十六道，但隨著時代的改變，人們因健康需求等因素也逐漸改變飲食習慣，現在最為普遍的是菜餚道數是六至十二道菜。這些飲食習慣的改變也反映在人們已講求食物

的質與精，而不再重視食物的量。

餐廳所設計的菜餚也會依季節使用不同的食材，並配合酸、甜、苦、辣、鹹五味，以炸、蒸、煮、煎、烤、炒等各種烹調法搭配而成。其出菜順序多以口味清淡和濃膩交互搭配，或乾燒、湯類互相搭配為原則。海鮮在肉類之前，最後再以湯或主食（麵、飯類）作為結束。點心則指主食結束後所供應的甜點，如棗泥鍋餅、西米露、菊花酥、杏仁豆腐等，最後則是水果。

也因為中餐的規則較為繁瑣，因此工作人員需熟知這些基本規範，才能適當安排客人所適用的菜單。

■西餐

西餐的餐點安排方式便與上述的中餐有極大差異。一般而言，最簡單可以是前菜（開胃菜）、主菜、甜點等三道菜作為一個基本組合。如果較為繁複的組合，則是加上湯品、副菜，以及甜點所需之飲料，其順序應為：前菜、湯品、主菜一（多為海鮮）、主菜二（肉類為主）、甜點與飲料。

因此在協助客人進行西餐點菜時，必須以上述的西餐組合為基礎進行發展。因此身為一個西餐服務人員，若要能協助客人點菜，必須瞭解其西餐的餐點組合，才能適當完成點菜工作。以下則介紹各項菜餚建議的點菜方式：

1. 前菜：前菜多以開胃為主，量少而以鹹、酸味道為主，例如：煙燻鮭魚、鵝肝醬等。

2. 湯品：雖然西餐有提供冷湯，但一般亞洲華人較不習慣，除非是特別對冷湯有偏好的客人，否則一般會推薦海鮮湯、洋蔥湯、南瓜濃湯等。

3. 主菜一：如果是要安排較豐富的西餐，可以提供兩道主菜，通常第

一道會是海鮮，並以魚類為主。

4.主菜二：多以肉類為主，可以是禽肉，如烤春雞、法式油封鴨等；最受歡迎的多是牛排或羊排。牛排則視部位有不同的等級，因此也需要瞭解這些等級的差異性才能正確協助點菜。另外在主菜旁則可另外安排客人喜歡的副菜（side dish），像是烤花椰菜、烤奶油馬鈴薯、炸薯條等。

5.甜點：主要指的是用完主餐後所享用的甜食，多為布丁、冰淇淋或是蛋糕等。飲料通常搭配甜點來點選。

(二)飲食限制與禁忌

由於不同的消費者有不一樣的飲食偏好或是禁忌，因此在協助客人點菜或是擬定宴客菜單時，也需考慮到賓客的飲食禁忌，特別是要對主賓的飲食禁忌高度重視，如稍有疏忽將造成無法彌補的過錯。以下是這些飲食禁忌的內容介紹：

■個人禁忌

點菜前先詢問賓客的飲食禁忌，如有些客人不吃二隻腳或不吃紅肉等禁忌，這些都需事先瞭解，才不會造成困擾或顧客的不滿意。

■宗教因素

宗教規範對於需遵守的教徒而言，是不能疏忽大意的。例如，我們較熟悉的是穆斯林通常不吃豬肉，但是如果是很嚴謹的穆斯林，所吃的肉類還必須經過祭拜認證，並且不能有酒精，所以菜也絕對不能加入酒類調味。也需瞭解鍋具不可與其他餐食混合烹煮等規定，並準備祈禱室供回教徒使用。

如果是佛教徒，也應瞭解其吃素的嚴謹程度。如果是很嚴謹的信徒，廚房鍋子、砧板、刀具及設備都必須是專用的。另外，尚有猶太人不

吃紅肉（包含鴨肉）；印度人有些不吃牛，也有人不吃豬，更有人什麼肉都不能吃，只吃生菜沙拉或是素食。瞭解越多使可讓客人得到滿意的服務。

■健康因素

有些消費者因體質或健康因素，對於食物有不同的禁忌。例如：心臟病、腦血管動脈硬化、高血壓和中風後的人，不適合吃濃湯、內臟及甲殼類食物；肝炎病人忌吃羊肉和甲魚；消化系統疾病的人也不合適過油、刺激性及不好消化的食物等。另外，容易造成過敏源的食材必須註明在菜單上，以免造成顧客誤食，也有吃味精（MSG）會過敏的客人；無麩質飲食則是禁止食用含有麥類食材的食物，也不能使用醬油。

■其他特殊因素

歐美國家的人通常不吃奇怪的食材，像是動物內臟、動物的頭部和鳳爪。另外，宴請外賓時，儘量減少提供生硬、需啃食的菜餚，以及帶骨的食物。因為西方人在外用餐不太會將咬到嘴中的食物再吐出來，必須顧及到他國的飲食生活習慣。

三、點菜技巧

要成為一位專業的外場人員並正確協助客人點菜，需瞭解餐廳內所提供的食材之特殊性，也需熟悉二十四節氣的食材，瞭解什麼季節適合吃什麼樣的食物。以下為外場人員在正式從事點菜服務之前，必須具備的完整知識或資訊：

(一)熟知當日廚房採用的特別食材

可以請主廚在餐廳正式營業前，介紹當季食材及廚房的庫存，才能給顧客完整及豐富的推薦，並可在餐廳正式開門營業前嘗試配菜，屆時便

圖9-2　外場點餐人員應向主廚詢問今日的菜色內容，以便協助顧客點菜

可以熟捻菜色內容，協助顧客點菜。

(二)認識餐廳當日的特色菜餚或招牌菜

從主廚處可以先行瞭解當日的招牌推薦菜，知道採用的食材與烹調方式，以便點菜時主動推薦給客人。如果是國外商務客大多會請餐廳協助推薦或介紹，或甚至請餐廳直接安排菜色；但如果是一般家庭聚餐，就可推薦特色家常菜。

(三)對菜單有通盤的認識

外場人員必須對菜單內容有全盤的認識。尤其當顧客為歐美客人的時候，可介紹一般西方人較熟悉的菜餚。如菜單上能有的片皮鴨、牛肉麵、點心、小籠包、咕咾肉及去殼、去骨海鮮等。

第二節　說菜員與題材

一、何謂說菜員？

　　說菜員是餐廳服務人員的一個職稱，說菜員正式的名稱是「食藝文解說員」（docent），基本要件是必須對食物有興趣、對藝術有熱情、在語文上也必須有一定造詣，除此之外還得大量閱讀歷史資料，對每道料理背後的典故也都必須清楚瞭解，才能透過「說菜」的魅力，讓每道菜活過來。因此說菜員可以自以下的定義瞭解其扮演的角色與擔負的責任：「為餐廳服務人員類別的一個職稱，主要是指菜餚的解說人員。即將主廚精心設計與烹調的菜餚，透過解說員專業且自信的傳達，讓客人更能清楚瞭解菜色背景及文化意涵。因此也可以說一位優秀的解說員也是主廚的化妝師。」

二、說菜員之條件與角色之養成

　　一個成功的餐廳除了廚師的廚藝之外，外場扮演的角色就好比是廚師的化妝師，讓消費者更能瞭解菜色的故事。但不是一個人天生就會說菜，說菜的能力除取決於個人的興趣之外，還需要時間針對餐飲專業、歷史、語言等之能力養成。以下將以故宮晶華為例，瞭解其單位如何栽培一位成功的說菜員。

(一)充滿好奇心

　　解說員本身必須有強烈的好奇心之特性，具備熱情且能夠自發性地探究問題，才能夠在客人提出五花八門之問題時能夠舉一反三。

(二)熟悉菜餚的歷史背景

例如故宮晶華所販賣的特色菜餚多與故宮所收藏的歷史文物有密切的關聯性，像餐廳最受歡迎的「翠玉白菜」，其中的的螽斯和蝗蟲象徵什麼？具有什麼意涵？能把典故熟記於心並用自己的話分享，才是解說員的基本功。

(三)瞭解食材特性

菜餚若本身的背景具有歷史意涵，便可從歷史文化的角度進行說明，但如果菜色純粹是著重食材的特殊性等，則可以從食材面向去賦予這道菜餚一個故事。一道菜餚要說得精彩有內容，必須先通盤瞭解菜色當中食材的特殊性。

(四)認識烹調技法

當餐廳客人吃到令人驚豔的菜色，通常會詢問菜餚烹調的難易與方法，因此一位稱職的說菜員也必須與主廚有順暢的溝通管道，瞭解每道菜色背後的烹調技巧。當餐廳推出新款菜色時，主廚必然要將相關的菜色烹調技法，向解說員、甚至一般服務人員進行介紹，此可成為豐富說菜內容的秘訣。

(五)掌握互動能力

與客互動拿捏得宜不簡單，察言觀色是首要之道，整體解說的內容與長短也要隨著賓客的反應做調整，例如當賓客一上菜便開始拍照聊天，這時就得簡明扼要完成解說；反之，當賓客展現對菜色、食材的好奇，則可多花一點時間為賓客好好說菜。

(六)學習累積實力

不斷學習累積專業能力，可以讓每一次說菜都更有自信。若面對客人提問無法回答時，也不需要裝懂，可先委婉回應，再視問題點查找資料，或向負責主管、主廚反映後再回覆即可。

第三節　說菜之技巧

一、尋找題材

說菜的題材可以依不同主題來設計，可能根據歷史典故、仿典藏的歷史文物外觀，或是地方性特產等，以下將陸續介紹各種可使用的說菜題材。

(一)典故菜

典故菜指的是某道菜餚的創作源起背後有一段故事，可能跟某名人有關，或是地區，甚至是源自小說情節等等。以下將介紹幾個常聽過的案例。

■ 東坡肉

「東坡肉」這道名菜其實跟宋朝大文豪蘇東坡有直接的關聯。蘇東坡不僅是唐宋八大家之一，書法與繪畫也都獨步一時，即使是在烹調藝術上，也有他獨特的一面。

當蘇東坡觸怒皇帝被貶到黃州時，常常親自燒菜與友人品味，其中以紅燒肉最為拿手。他曾作詩介紹他的烹調經驗是：「慢著火，少著水，火候足時它自美。」不過，人們用他的名字命名的「東坡肉」，則是與他第二次回杭州擔任地方官時所發生的一件趣事有關。

　　那時西湖已被葑草煙沒了大半，他上任後，修築長堤，暢通湖水，使西湖秀容再現，改善了環境，也為群眾帶來水利之益。

　　當時，老百姓讚頌蘇東坡為地方做了這件好事，聽說他喜歡吃紅燒肉，到了春節，都不約而同地送豬肉給他，來表示自己的敬意，蘇東坡收到了那麼多的豬肉，覺得應該與數萬疏濬西湖的民工共享才對，就叫家人把肉切成方塊狀，用他的烹調方法燒製，連酒一起，按照民工名冊分送到每家每戶。他的家人在調味時，把「連酒一起送」誤會成「連酒一起燒」。結果燒製出來的紅燒肉，更加香醇味美，食者盛讚蘇東坡送來的肉之烹調法很特別，可口好吃，大家稱讚不已。趣聞傳開，當時向蘇東坡求師就教的人中，除了來學書法的，學寫文章的外，也有人來學燒「東坡肉」。後人紛紛仿傚他的方法烹調這道菜，並在烹調上不斷改進，遂流傳至今。

圖9-3　東坡肉

■ 佛跳牆

「佛跳牆」是閩南菜中居首位的名品佳餚。它的原名叫「福壽全」，是專供喜慶節日的一款高檔菜。後來以知名的「佛跳牆」一名流傳於後世，卻是一個與和尚有關的故事。

相傳在唐朝時，長安有一位高僧雲游來到福建。大年三十晚上，這位高僧正在寺院中閉目參禪。忽然，一股濃郁的菜香飄進禪房。原來，寺院隔壁住著一位有錢人家。

這天晚上，他們把酒罈裝上各種山珍海味正在烹製「福壽全」，準備過年請客用。剛才這家主人啟罈看看菜是否烹熟，不料這股香味使高僧坐不住了。他垂涎難奈，幾次探頭牆外，但想到佛門戒律，又縮回身子。

後來，有一位秀才看見用舊酒罈竟烹製出如此異香撲鼻的佳餚，十分感嘆，不禁讚道：「罈啟葷香飄四鄰，佛聞棄禪跳牆來。」後人便根據這兩句詩，將此菜改名為「佛跳牆」。

圖9-4　佛跳牆

■醃篤鮮

「醃篤鮮」是一道知名上海名菜，江浙等地也有製作。主要食材是醃鮮豬肉，另外再搭配竹筍燜燉而成，這裏的鮮即指竹筍。

■金華火腿

金華火腿的製作歷史悠久，遠近馳名。根據地方誌記載及耆老相傳，金華火腿的製作歷史可追溯至南宋，距今已有九百多年歷史，是人們長期來保藏肉類，並提供肉食多樣化的一個食品創作。它的香氣濃郁，鹹淡適口，又因形似竹葉，紅潤似火，在色香味形上堪稱「四絕」。

民間有一段流傳金華火腿的由來：「很早以前，東海沿岸海水氾濫，水退浪平之後，有人在海濱沙灘掘得一頭被洪水淹死埋在沙裏的豬，割了一隻腿，回來沖洗後，用大火烤乾腿身，剖見肉色紅潤，食之味道鮮美，久儲不變，可常年食用。鄉人不斷摸索試驗，終於擬出完整的醃製方法，後來大家也都競相仿製。後來，宋代抗金民族英雄宗澤從前線回家鄉時，帶了一些這種家鄉臘肉回來進貢給皇上，宋高宗見肉色鮮紅似火，就把它命為「金華火腿」。由此傳稱，相沿至今。

■射鵰英雄宴

以下則介紹在1998年、曾於台北西華飯店舉行一場相當轟動的「射鵰英雄宴」，而其菜單內容則將每一道菜餚的創作與金庸小說的故事緣由，全程串連在一起，當時的上菜服務人員也兼負起菜餚的介紹與說明。

(二)文物菜

文物菜指的是仿文物的外觀所製作成的菜餚，由於文物典藏多在博物館內，以下所介紹之案例除博物院所藏之文物外，尚包括大陸之典藏文化。

圖9-5　1998年在西華飯店舉辦的「射雕英雄宴」可以說是早年說菜的代表

圖9-6　「射鵰英雄宴」當中的一道菜餚──荷香飄溢叫化雞，菜單內提到其小說的故事背景

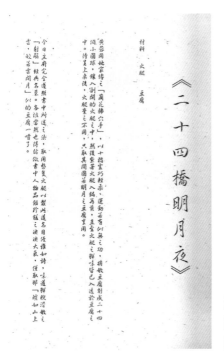

圖9-7 「射鵰英雄宴」當中的另一道菜餚——二十四橋明月夜，菜單內提到其小說的故事背景

■翠玉白菜

翠玉白菜是在紫禁城的永和宮被發現的，據說永和宮是光緒皇帝之妃謹妃的寢宮，故史學家推斷是她的嫁妝。因玉的色澤（白和清）代表著女子的純潔和清白，上頭的兩隻螽斯和蝗蟲則是意味著多子多孫。

故宮晶華餐廳挑選出娃娃菜作為白菜的主體，上頭的螽斯蝗蟲則是用屏東名產櫻花蝦取而代之，搭配著主廚特製干貝醬，能夠提出菜的甜味。

■弦紋鼎佛跳牆

鼎最初是做為放大的食器而出現的，中國人向來民以食為天，以食器來烹飪祭祀給神的祭品也就順理成章，它也因此上升為禮器，成為國家

圖9-8　故宮晶華餐廳推出的仿故宮文物菜餚—翠玉白菜

圖9-9　故宮晶華餐廳推出的仿故宮文物菜餚—弦紋鼎佛跳牆

政權中君主權力的象徵。

故宮晶華餐廳則選用中華料理中相當重要及著名的「佛跳牆」盛裝在內，主要的食材包括扇貝、鮑魚、干貝等經過數小時熬煮，美味而不油膩。

■白玉錦荔枝

白玉錦荔枝除了其晶瑩的外觀，最引人注意的是它的定名。其實這件文物是仿大陸北方的苦瓜而製作的，「錦荔枝」正是「苦瓜」的別稱，又名「癩瓜」，是一種觀賞用的植物。但因「苦瓜」或「癩瓜」的名稱不雅，所以在乾清宮東暖閣的原錦匣上，就寫著「白玉錦荔枝」的定名，這也可見內廷對器物命名之用心及雅緻。

這項文物在食材方面選用台灣特產的蘋果苦瓜，除了晶瑩的色澤，在味道方面更有別於一般的苦瓜，帶有一絲甘甜。搭配蝦漿及特調的醬汁，讓其美麗的名字，藉由豐富的口感層次，在口中真實的展現。

■肉形石

肉形石本為一顆瑪瑙石，其外形如一塊紅燒肉，不僅是「五花三層」，連皮上的毛孔也一應俱全，其特別的地方是工匠替其加上一金色底座，是與大陸其他的肉形石的不同之處。

有別於傳統東坡肉的烹調方式，主廚挑選豬蹄膀的部位，在密製的滷汁中燉煮四小時，再經由高超的刀工，形塑微妙微肖的珍藏還原。金色的底座則是以絲瓜絲代替，讓在享用豐富膠原蛋白的同時，亦感受到清爽的口感。

■元朝雲林鵝

「元朝雲林鵝」本就是中國蘇錫地區的傳統名菜，距今已有六百多年歷史。相傳是蘇州菩提正宗寺的天如禪師宴請倪瓚時，請大廚特別烹製的蒸鵝。清朝袁枚的《隨園食單》裏也提到燒鵝，並把菜名訂為「雲林鵝」。

圖9-10　故宮晶華餐廳推出的仿故宮文物菜餚—肉形石

■多寶格御點集

　　由於清代乾隆年間，收藏微型古玩器物已成時尚，利用多寶格來陳列和展示藏品自然應運而生。多寶格最獨特的魅力，在於特別強調「遊戲的趣味」，講究結構的多元善變，暗藏著開闊的玄機，營造曲折感。

　　故宮晶華餐廳特別選用黃玉鴨、南瓜果、翠玉白菜、王母蟠桃、果仁紫米捲、桂花紅豆糕、驢打滾等七樣著名甜點，與實際多寶格中微型古玩器物相對應。

(三)與名人有關之菜餚

　　有些菜餚可能因為被食用的過程產生許多小故事，並與名人結下不解之緣，如美國前第一夫人希拉蕊曾經引用並稱讚台灣珍珠奶茶的一張照片，便被業者拿來做為宣傳之用。以下則介紹一些名人與菜餚相關的案例。

■粉蒸牛肉

粉蒸牛肉又名小籠蒸牛肉，是四川地區的傳統名菜，也是成都的著名小吃之一。台灣畫家張大千會親自下廚料理這道菜，而且喜歡趁熱加入辣椒粉、花椒粉和香菜，讓原本就擁有麻辣鮮香滋味的牛肉，更加入味。張家人在吃這道菜時還會夾上椒鹽鍋盔（一種麵餅）一起入口，更添特色。

■六一絲

這道菜是張大千最愛的清口菜。這道菜以一葷六素為主，全部切成細絲，是陳建民為慶祝張大千六十一歲的生日而創製的，是一道爽口討喜的清口菜。

■大千雞

據說張大千訪東京時，到陳建民的餐館吃飯，他拿出珍藏的四川調味料，做了一道雞肉來款待。那道菜當時沒有名字，張大千吃得高興，就命名為「大千雞」，後來成為他的鎮店之寶。

■雪夜桃花

這道菜色是唐高宗生病時，武則天請御廚烹調給唐高宗的一道菜，後來也成為一道宮廷名菜。「雪夜桃花」首創於唐高宗時期，當時武則天在唐高宗生病時日夜身邊守候，時值三月、桃花盛開之時，唐高宗看見窗外的白雪映托著盛開的桃花，宛如一幅美麗的圖畫，便很開心地拍手稱道「好一個雪夜桃花！」在場的武則天也十分開心，便吩咐御廚準備好酒好菜幫高宗設宴賞花，其中唐高宗特別青睞一道大蝦和蛋清的菜餚，便問菜名。後來武則天用唐高宗說的「雪夜桃花」為菜餚命名，從此這道菜便成了宮廷名菜。

■金齏玉膾

陸游在《洞庭春色》一詩中曾提到：「人間定無可意，怎換得玉膾絲蓴？」的句子，這「玉膾」指的就是隋煬帝曾譽為「東南佳味」的「金齏玉膾」。金齏玉膾指的是在農曆七八月霜降時，收長三尺以下的鱸魚，把魚曬乾切成細肉狀，裝進瓶中再用泥封口，吃時開封取出魚乾再用布裹上，浸漫水中一會兒，再瀝乾水後散置盤內，上面放上醃過的菜，因呈金黃色故稱金齏。霜後鱸魚其肉皎白如雪且沒有腥味，看上去晶瑩如玉，十分鮮豔，故隋朝的宮廷御廚將此菜命名為「金齏玉膾」。

■醋芹

醋芹是唐代佐酒下飯的菜餚。此道菜並不名貴，而是因為唐太宗李世民煞費苦心要賜給魏徵食用而被列入史料。魏徵本是太子李建成的部下，玄武門之變後李世民殺了建成，李世民覺得魏徵是個人才，不但沒有殺他，還加以重用。魏徵雖是留用之才，但是個性使然，為了李唐王朝，他總是態度嚴肅、言詞尖銳地進諫，使李世民在群臣面前很難堪。

於是有侍臣提起魏徵喜歡吃醋芹，每次吃到時就喜形於色，於是李世民便邀魏徵進宮與他進餐，並特賜他三杯醋芹。魏徵吃到後，開心得眉飛色舞起來，唐太宗也趁機提醒他不要擺著臉孔進諫，從此此道菜的聲譽便不脛而走。

■太白鴨

「太白鴨」是一道唐代宮廷菜，傳說始於詩人李白的家鄉。李白在四川將近廿年生活中，非常愛吃當地的燜蒸鴨子。這種鴨經宰殺後，加上酒等調料，放在蒸器內，用皮紙封口蒸製後，保持原汁，非常可口。唐玄宗時期，李白受到寵愛，便入京供奉翰林，並獲得文武百官的敬重。但由於唐玄宗在政治上沒有重用他，還因為楊貴妃、楊國忠等人進讒言而被唐玄宗疏遠。李白為了實現自己抱負，便設法接近玄宗，用此道菜獻給唐玄

宗。玄宗食後大悅，於是將這道菜命名為「太白鴨」。後來李白雖然仍為皇帝所疏遠，但李白獻菜的故事卻成佳話。

(四)地方菜

許多外國客人到台灣會希望體驗各地的特色飲食，像是台灣原住民的特色野菜或是竹筒飯等；台南則有著名的棺材板、牛肉湯、蝦仁飯、擔仔麵等小吃；深坑可以吃豆腐等。因此要對地方的季節食材有所瞭解，便可以巨細靡遺地將台灣的各地食物特色介紹給外國客人。

(五)特殊烹調法之菜餚

由於一般家庭在烹調設備與廚房空間的限制下，餐廳有許多特殊的烹調法在家是沒有辦法使用的，因此當某道菜餚有特殊的烹調法，也可以藉由說菜來對客人進行介紹，如乾鮑的製程、吊燒雞的製作、西餐常使用的舒肥與油封等烹調方法。

(六)時令與健康之食材

由於華人的飲食傳統相信陰陽調和，因此許多人都會配合自己的體質或是季節的變化，來挑選適當的食材入菜，而這些內容也可以成為說菜的內容。像是台灣傳統上在進入秋冬之際會偏好進補的食材，像是較溫熱的羊肉，冬天則可能就會吃燒酒雞、麻油雞等。這部分都會讓外國客人較不熟悉，是可以詳加介紹、說明的部分。

以台灣的瓜類來說，瓜類蔬菜含水量都很高，又盛產於夏季，如黃瓜、苦瓜、冬瓜、絲瓜、佛手瓜，含水量幾乎有90%以上，都是非常適合在夏天食用的蔬菜，餐廳客人在夏天若是點選瓜類菜餚，不僅可以品嚐當令的新鮮美味，又能達到夏季消暑養生的效果。以下介紹三種瓜類食物的說菜內容參考：

■ 苦瓜

　　苦瓜被稱為「君子菜」，那是因為苦瓜雖苦，但與其他食材搭配時並不會將苦味滲入別的材料中。苦瓜有清暑除煩、解毒、明目、益氣的功效。苦瓜的苦味來自內含的奎寧成分，奎寧能影響體溫中樞，因此有解熱的功效。苦瓜還含有較多的脂蛋白，可提高人體免疫力。苦瓜所含有的苦瓜多肽類物質有快速降低血糖的功能，能夠改善糖尿病的併發症，故被讚譽為「植物胰島素」。

■ 冬瓜

　　冬瓜因其形狀如枕，又名「枕瓜」，但冬瓜其實主產於夏季，而非冬天。之所以取名為冬瓜，是因為冬瓜成熟之際，瓜的表面有一層白粉狀的東西，好像冬天的霜雪，故名之。

　　冬瓜中含脂量少，且含有丙醇二酸，能阻止體內脂肪堆積。冬瓜自古以來被稱為減肥妙品。《食療本草》提到：「慾得體瘦輕健者，則可常食之；若要肥，則勿食也。」

■ 佛手瓜

　　佛手瓜形狀如兩掌合十，有佛教祝福之意，因此稱之為「佛手」、「福壽」。由於它肉質白嫩、味道清甜，夏季食用有清熱消腫、生津解渴之效。含有豐富的蛋白質、鈣、維生素及礦物質，且熱量很低，又是低鈉食品，是最佳的保健蔬菜。

二、說菜的內容與時間

　　說菜的內容可依不同主題來設計，原則上會以餐廳原來的菜單設計為主，另外也可以為顧客量身打造主題菜色。何時是適合說菜的時機？大部分說菜的時機可以是每道菜上菜前就可以開始介紹，在客人用餐前便可

以先跟主人溝通介紹菜色的時間點。如果客人帶很多酒，通常客人就會期待每道菜的介紹，以瞭解那些菜色適合搭配的酒類，因此可以在上菜前先介紹整個菜單。

三、說菜的場合

說菜的場合從小型的三到四位至大型的二、三百位的宴會都可以是適合說菜的場合。但如果是因特殊目的所舉行的宴席，如告別式的圓滿桌或是開會的嚴肅餐會，就不適合說菜。是否提供說菜服務，餐廳可以跟宴席主辦方討論，如果是可以製造氣氛或是客人有興趣獲得菜餚更多的資訊，通常餐廳都很願意幫客人說菜。

四、說菜的對象

餐廳顧客來自四面八方，有不同的種族背景、不同的語言，以及不同的飲食習慣。當然，面對不同的對象，說菜的內容也應該適時調整。如遇到的是教師聚餐，或是商人談生意，或是一般家庭聚會，都應該調整說菜的內容以適合面對的顧客。在介紹菜餚之前，也必須先瞭解客人是來自哪些國家，選擇具備適當語言能力的說菜人員，才能夠圓滿達成既定的使命，讓客人也產生共鳴。

參考資料

〈西餐的點菜技巧〉，2017月12月14日，https://kknews.cc/food/8xqzzz4.html，2020年8月19日瀏覽。

陳昭妤、陳怡君，〈說菜員 用故事盛裝美食佳餚〉，2017月12月14日， https://playing.ltn.com.tw/article/496，https://kknews.cc/food/8xqzzz4.html，2020年8月20日瀏覽。

陳怡君，〈超奇妙職業「說菜員」大曝光〉，2017月10月10日，https://news.ltn.com.tw/news/life/breakingnews/2217884，2020年8月20日瀏覽。

Chapter 10

菜單設計的未來走向

　　菜單設計包含兩部分，第一部分指的是美工設計的部分，包括字體大小、字體款式、照片設計、插圖等等；第二部分則強調菜單的內涵，即餐廳要販賣的菜色與價格、如何有邏輯地設計排列順序，以及菜色的選擇是否跟上時代潮流。本章則將以菜單的內涵為主，討論餐飲的未來趨勢，此餐飲趨勢亦將影響到餐廳菜單的設計走向。

第一節　配合餐飲未來趨勢的菜單設計

　　餐廳引擎（Restaurant Engine）餐飲顧問公司在2014年曾針對菜單設計如何配合餐飲的趨勢進行許多的討論，整理如下：

一、「從農場到餐桌」的概念

　　「從農場到餐桌」（from farm to table）的飲食概念約在2014年即開始受到關注，即使之後的六年，直至2020年，仍有許多相類似的概念，如「從農場到餐盤」（from paddock to plats）、「從農場到餐盤」（from farm to plats）、「從種子到餐盤」（from seed to plats）等，這些概念涵蓋食材、在地、天然、季節、環保等元素，都可以設計在菜單的內容裏，容易獲得消費者的認同。消費者已經意識到食材的新鮮和在地生產有密不可分的關係。「吃在地」一詞已成為餐飲市場的一股風氣，

　　推動「從農場到餐桌」的另一項思考點是支持在地農民，尤其現今有更多的小農需要實質的經濟回饋，才能夠實現在地耕種的理想，因此餐廳一旦提供「從農場到餐盤」的消費模式，無疑是支持小農的積極作法。

　　此外，「農場到餐桌」之概念也對環保意識和健康意識重新進行了連結，因為此概念讓消費者瞭解食物的產地，也強化此消費的健康意識。添加這些健康方面的因素後，若能呈現在菜單上，能夠將菜單的功能

進一步擴大與發展。

二、從千禧世代轉移到Z世代

目前屬於Z世代（1995-2009年間出生的人）的消費者熟悉高科技產品，也屬於用餐的決策者。為了滿足這一世代人群的需求，餐廳需要提供線上菜單。另外，餐廳也需要提供高科技服務、電子菜單，和滿足這些年輕人需要的用餐體驗，如色彩豐富的飲料設計、盤飾能夠有吸睛的效果等獨特而富有創意的菜單，進而挑戰這群消費者。

三、提升高科技服務

目前餐廳經營的一項新趨勢是「電子菜單」的出現。現今的消費者希望獲得更輕鬆的用餐體驗以及更健康的食物，而餐廳採用的數位技術便可以在這一部分提升服務的效率。

如本書第七章所詳述，透過平板電腦或智慧手機應用程式提供菜單，客戶能夠更即時地處理其需求。伺服器在高科技的應用上扮演著重要的角色，消費者只需要負責菜單訂購和付款便能享有美味的餐點。若是在餐廳用餐，高科技之應用（如桌上的平板電腦或智慧手機應用程式）允許消費者以更即時、更輕鬆的方式支付餐費並離開。

餐廳若能提供線上菜單，可允許消費者進行預訂、訂購，並選擇外帶或外送服務，安排提貨和送貨日期。與所有數位化事物一樣，這一趨勢將在未來數年持續發展與不斷地變化。

四、設計「分享餐點」

現今的消費者較偏向與同桌好友或家人共享餐點，這種新的菜單趨

勢背後有兩個原因。首先，消費者希望減少份量，吃得更健康。餐廳若是能提供個人份量較少的餐點，或是份量較多但屬於多種菜色的分享餐點，將更受歡迎。第二個原因，消費者對現代的「家庭式」晚餐較感興趣。透過共用分享的餐點可以增強家人或朋友聚餐時彼此間的互動，讓用餐氣氛更為融洽。提供消費者享用家庭式分享晚餐，亦可刺激消費者點選更多款式的菜色。

五、融合奇幻雞尾酒和非酒精創作

如果餐廳有供應酒類，單純的酒類已經不能滿足消費者的需要。現今的餐飲趨勢，包括風味威士忌（如可樂加威士忌）、混合飲料（hybrid drinks）和草藥利口酒（herbal liqueurs）。消費者追求的獨特性反而可以強化餐廳的特色。在非酒精方面，仍然以健康需求為主，如提供草本奶昔、紅茶菌飲料（combucha）、手工咖啡和冷壓果汁等，都是目前較受歡迎的飲料。

以上是菜單內涵的設計趨勢，但菜單在視覺外觀上須注意的要點尚包括：

1. 保持菜單簡單、乾淨，易於閱讀。
2. 英文的部分要丟棄大寫字母。
3. 排版能強化菜單品項。
4. 字體尺寸大於電腦螢幕上的12級字，提供適當與舒服的視覺效果。
5. 懷舊意象、採用的菜單材質和美學概念都可應用在菜單外觀的設計。

圖10-1　烏來原住民餐廳則利用當地生產之食材，直接標出店內現場有賣之菜色

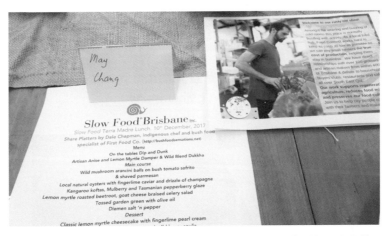

圖10-2　強調使用澳洲在地原生食材（叢林飲食）所設計的菜單

圖10-3　強調「從農場到餐盤」（from paddock to plats）
　　　　設計的晚宴菜單（gather menu）

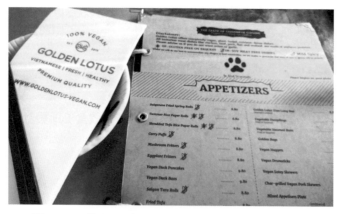

圖10-4　蔬食餐廳的菜單設計簡約、有環保意象

第二節 以健康為導向的菜單設計

2017年發布的《世界糧食安全和營養狀況》報告開始定期監測全球在實現糧食安全和營養目標方面獲得的進展，從全球觀點來看，「營養」在糧食安全和健康目標受到明顯的關注。在西方國家，較少出現營養不良的問題，反而是如何獲取正確的營養比例與飲食，才能進一步獲得健康的身體是目前所關注的。以下將介紹以健康為導向的菜單設計的兩種發展模式：

一、由政府公權力主導

西方國家為了減少肥胖人口，在過去幾年陸續推出強制菜單需註明營養標示的相關政策，相信營養標示可以幫助人們做出更健康的食物選擇。

根據〈餐廳在菜單上標示熱量，可望幫助消費者吃得更健康〉一文提到，澳洲早於2012年開始強制餐廳標示熱量，愛爾蘭亦於同年推行相關法案，而加拿大則於2017年跟進。近年來，阿拉伯聯合大公國也推出了食品標示新規範，杜拜則提出「2017至2021年國家營養議程」的討論，希望民眾有意識地改變飲食習慣，並解決超過四成兒童過胖的問題。美國則於2018年通過法規，超過二十家分店的連鎖餐飲業都要標示熱量。

台灣在2017年、由立法院提出「國民營養及健康飲食促進法草案」，其中第十四條規定「餐飲業者必須在菜單或餐廳明顯處標明各餐點的營養資訊」。雖然法案尚未通過，但菜單標示營養資訊的政策也已受到重視，且隨著健康飲食風氣漸盛，台灣已有少數的餐廳已自行在菜單設計當中，將餐點熱量列入其中。

圖10-5　美國的Denny's 餐廳的菜單均有標示各項菜餚的卡
　　　　路里（圖為菜單中的一頁）

資料來源：Denny's 官網網站

二、餐廳（私人企業）自行推廣的健康飲食

(一)由餐廳在菜單增加「蔬食」選項

　　根據《台灣食品消費調查統計年鑑》的統計資料，台灣素食人口已達250萬人，約占全台人口十分之一。雖然餐飲市場當中已有許多的素食餐廳、蔬食餐廳，抑或標榜素食主義（vegan）的餐廳，強調該餐廳以健康飲食為導向；但也漸漸開始有一般餐廳將素食或是素食主義的菜色列在菜單上，同樣強調餐廳有提供所謂與「健康」相關的菜色，藉以吸引重視「健康飲食」或是持素食主義理念的消費族群。

圖10-6　強調健康蔬食的飲食店已經進駐各大美食廣場，此為蔬坊之外帶菜單之封面

圖10-7　蔬坊之菜單內容

(二)由營利導向的私人企業進行推廣

西方國家由於肥胖問題所衍生的健康議題不斷發燒，因此私人企業所推出的健康飲食，強調由營養師設計、廚師製作的健康菜單在電視廣告強勢推廣。在澳洲，已有數家類似的私人企業經營此項健康飲食市場，如最為普及的Youfoodz；特別針對運動員或是常上健身房的人所需要的營養補給設計餐食的Nourish'd；強調以減重為主的Lite 'n' Easy；專門提供循環菜單的食材與食譜設計的HelloFresh；提供不愛做菜的消費者中價位健康餐食的The Cook's Grocer；以及針對特殊飲食，如無乳製品、無麩質、素食和低碳水化合物等適合家庭特殊需要餐食的Marley Spoon。這個健康飲食市場已經逐漸以專業、營養、健康為基礎站穩西方國家的餐飲市場，我們可以留意其發展，或許可能成為未來餐飲市場的主流之一。

以下以澳洲Jenny Craig公司為例，其菜單強調由認可執業營養師開發，專業廚師烹調，其基本營運細節是：

1. 市場族群之分類：針對五種人，包括男性、女性、媽媽（指剛生完小孩的女性，強調蛋白質控制的菜單設計）、糖尿病患者、素食者等五類消費者，經由個人諮詢後，提供適當的飲食供應。
2. 提供餐點項目：餐點包括每日的早餐、午餐、晚餐、點心，一天六餐（三個正餐及三個點心）。
3. 服務方式：消費者經由個人諮詢後，確認其適合的群族餐點，選擇八周或是六個月為期的會員並付費，即可自七十多個選項菜色的菜單上挑選喜歡的餐點，再由該公司宅配到家。

此消費潮流主要是針對需要重新學習與認識健康飲食習慣的消費者而設計，強調特別配製的食物，均融入營養均衡的菜單之中。此菜單針對個人的身體需求提供所需的熱量及好的營養素。此飲食方式的推廣主要目的有以下幾點：

1.將喜愛的食物與健康畫上等號。

2.改變飲食方式，進而調整身體的正確作息。

3.讓提供正確的食物之管道變得方便，產生正確的飲食習慣。

4.逐漸透過由營養師特別設計的飲食模式轉換成自己未來的飲食模式，即消費者能正確安排自己該有的飲食內容。

圖10-8　Jenny Craig提供五種不同類型的人之菜單設計

資料來源：https://www.jennycraig.com.au/dietitians/

圖10-9　Jenny Craig設計的健康早餐菜單

資料來源：https://www.jennycraig.com.au/dietitians/

第三節　菜單與餐廳認證

　　近年來有多項的認證與台灣餐飲業息息相關,例如:標榜菜色美味的「米其林」餐廳認證、先前經濟部推行的「台灣優質餐廳認證」、苗栗縣與行政院客家委員會推動的「客家菜餐廳認證」等;也有標榜餐廳提供英文菜單的「英語友善標章認證」;還有環保餐廳認證、食材溯源餐廳的認證等,提供消費者不同需求的保障。

　　這些認證有些與菜單有直接的關係,例如提供外語菜單;也有些是間接與菜單有關,例如與餐廳的菜色和服務的相關認證。有些餐廳為了獲得這些相關認證,甚至需要修改或是調整菜單。也有些獲得認證的餐廳,業者則會選擇將相關認證印在菜單上,供顧客在瀏覽菜單時,也能夠看到餐廳在這些認證獲得上的努力與訊息上的有效傳遞。以下將介紹這些認證標章與菜單的直接或間接的關係:

一、為獲得相關認證而調整菜單

(一)語言上的調整

　　直接與菜單相關的認證指的是因為菜單的調整或增修而獲得相關的認證。以台南市在2016年推動「英語友善標章認證」為例,此計畫推廣的結果促使約四十個店家獲得認證,其中包括餐飲名店及包子、眼鏡、機車行等都有,其計畫主要是為了推廣雙語,提供外國客人友善的環境,因此有餐飲業者參與,也因為在菜單增加了英語的部分,而獲得認證。

　　台南為台灣的傳統小吃重鎮,有相當多的國內外觀光客都會特地前往品嚐台南小吃,因此台南市在2018年加碼推出「107年度雙語菜單推廣認證計畫」,主要針對餐廳與小吃店,鼓勵提供英語菜單,增加外國人用餐的友善環境。其相關新聞報導如下:

專欄　美食之都台南推雙語菜單認證

　　聞名遐邇的台南小吃、美食，常讓許多老饕及外國旅客讚不絕口。為將最道地的台南庶民美食推向國際，台南市政府二官辦五月十五日舉辦「107年度雙語菜單推廣認證計畫」說明會，向業者說明該計畫，除了比照去年「全程免費」輔導業者製作雙語菜單／目錄，今年更推出「外籍秘密客」及「雙語優惠券」行銷活動。期能替店家提昇知名度，吸引更多業者投入，共同為台南市營造英語友善環境。

　　今年度計畫最特別之處，在於「外籍秘密客」行銷活動。市府將廣邀全台灣的外籍人士造訪英語友善店家，針對店內的雙語菜單／目錄或是店員英語溝通能力提供建議，以利瞭解外籍人士實際需求，作為市府進一步改進、提昇之參考。另一方面，受邀的外籍人士造訪店家時，也將利用臉書、Instagram或Twitter等社群媒體打卡，將店家的知名度擴展至外籍人士之生活圈。此外，二官辦也把目標鎖定在台南就讀的外籍學生，將店家提供的優惠券分送學生們，期能提昇英語友善店家業績，吸引更多人前往英語友善店家消費、購物，能讓居住於台南的外籍學生更瞭解在地美食文化。

　　說明會現場特別邀請「志清豆漿」劉展志老闆，和曾經於成大就讀的美國人Alan經驗分享。劉老闆表示，雙語菜單計畫透過Google map的建置，幫助店家擴展許多客源，包含來自印度、日本、韓國、馬來西亞的遊客，他呼籲店家們共同來參與，將台南美食從「點」串成「線」，再連結成「面」。來自美國的Alan則分享，過去曾見過店家自行的翻譯菜單中出現有趣的翻譯謬誤，例如：炒水蓮翻譯成「I can't find it on google but it's delicious.」或是麥克雞塊翻譯為「McDonald's best friend」，讓點菜的外國人一頭霧水。Alan也說，

對比於好幾年前，目前台南整體的英語友善環境已改善許多，他到店家消費時，看到店員拿出政府製作的雙語菜單，讓他覺得服務相當貼心。此外，Alan也興奮地表示，「不只台灣人很愛介紹美食，我們外國人也愛向朋友介紹美食」，他很期待市府即將辦理的「外籍秘密客」活動，能有機會得到餐費補助，造訪不曾去過的店家，還能向他的好友們介紹最愛的台南美食……

兼任二官辦主任的李賢衛副秘書長表示，經過兩年的輔導推廣，台南市已有超過五百家的英語友善店家，先前計畫重點在於協助業者提供雙語菜單／目錄，或開辦店家英語口說課程，因整體英語友善環境已有初步成果，故從今年起，市府雙語菜單計畫將逐步把重心轉向協助英語友善店家行銷，期待透過外籍人士的參與，創造全市共創英語友善環境之需求。

二官辦表示，凡參與市府英語友善標章計畫的店家，其營業資訊（中英文）、雙語菜單，或店家英文網站或英文簡介也一併呈現於「台南市英語友善線上地圖」，該地圖串連各行各業，包括民宿、古蹟、寺廟、停車場、藥局、醫院等，未來市府將製作QR Code向外籍人士行銷宣傳，讓不管在台南旅遊或是定居的外籍人士，都能享受便利的生活環境，驅使台南逐漸邁向國際化城市。

資料來源：中廣新聞網，2018年5月16日。

(二)菜色上的調整

近年來綠色餐廳認證相當流行，歐美國家推動綠色化（greening）餐飲行為已經行之有年，推廣內容包括「地方食物」（local food）、「有機食物」（organic food）、「低碳食物」（low carbon food）等健康飲食。高雄市與台東縣政府紛紛參考相關的綠色餐廳認證經驗，希望能夠打造綠

米食 / Rice

	Chinese	English
糕粿 Gui (rice cake)		
	碗粿	Wagui (savory rice pudding)
米糕 Migao (sticky rice topped with minced pork)		
	米糕	Migao (sticky rice topped with minced pork)
	紅蟳米糕	Crab migao (sticky rice topped with minced pork and crab)
	竹葉米糕	Bamboo leaf migao (sticky rice in bamboo leaves)
	筒仔米糕	Migao tube (tube-shaped migao)

圖10-10　台南市政府提供小吃之相關英文供小吃業者設計菜單食可參考

資料來源：https://englishresource.tainan.gov.tw/index.php?inter=menu&kind=5

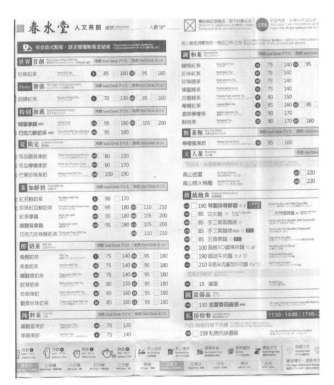

**圖10-11　春水堂之菜單採中英日三種語言對照，配合外籍客人的需求
（此為部分內容）**

色城市的餐飲市場。以下將介紹台東縣與高雄市的綠色餐廳計畫。

■「食材友善餐廳」認證

台東縣政府自2016年，連續四年舉辦「食材友善餐廳認證」，鼓勵在地餐廳使用在地有機或友善耕作的食材，佔食材六成以上就能獲得標章。截至2019年，共有三家餐廳獲最高榮譽「標章獎」，十八家餐廳獲「食材獎」之認證。

開設於2002年、位在成功鎮台十一線旁的「鯊魚黑幫」餐廳，也是台東食材友善認證餐廳之一。該餐廳早期專營魚翅料理，但因海洋生態的保育意識抬頭，餐廳隨之轉型，改以旗魚、鬼頭刀等在地特色漁產為主，研發出多道利用在地食材開發出來的海鮮料理。**圖10-12**即為近期鯊魚黑幫餐廳提供的合菜菜單內容，從菜單可以看出採用大量的在地食材，符合該認證要求的條件。

圖10-12　台東的鯊魚黑幫餐廳，其合菜內容採用大量在地食材，獲得台東的「食材友善餐廳」之認證

■「綠色友善餐廳」認證

　　由於在2011年，美國的綠色餐廳協會（GRA）創辦人麥可・歐須曼（Michael Oshman）受「2011台灣美食國際高峰論壇」之邀來台，介紹「綠色餐廳」（green restaurant）理念。同年，高雄市政府農業局參考美國綠色餐廳協會的〈綠色餐廳4.0標準〉，訂定高雄市綠色友善餐廳評選標準。高雄市綠色友善餐廳的推動理念如下：

1. 安全食材：綠色友善餐廳使用之農產品必須通過吉園圃認證、生產履歷或有機認證三種認證制度之一，以保障消費者「食的安全」，促進在地「健康農業」之發展。

2. 資源節省：改變員工烹調及使用空間、設備之行為方式，能節省能源及水資源，避免食物浪費，配合垃圾分類、廚餘廢油回收等；採用省能省水之設施，減少空調與冷凍需求；飲食環境空間採綠建築。

3. 健康環境：須保持餐廳用餐空間的環境清潔，符合衛生管理相關法規。

4. 友善推動：透過採用高雄市的在地食材（以安全蔬果或五穀為主），促使民眾自發性參與安全（健康）農產品之消費，並擴展至大高雄生活圈，加速高雄安全（健康）農業發展。

　　高雄的綠色友善餐廳之食材的來源必須是高雄在地生產的農產品，媒合高雄在地安全、有機食材給高雄市有意願的餐廳使用，也是這個認證活動的主要目的之一。在2016年獲得綠色友善餐廳認證的「慢活森林」，位於高雄岡山，餐點以義式料理為主。餐廳本身強調採用在地食材並重視公平貿易，用最原始的食材做出最單純的料理，**圖10-13**則是餐廳菜單，設計樸素，強調提供無負擔的飲食，這樣的菜單規劃搭配高雄綠色友善餐廳的認證，也是未來持續流行的趨勢之一。

圖10-13　慢活森林獲得高雄的綠色友善餐廳認證，該菜單的內容即符合安全食材等要件

二、其他國際認證與菜單

　　國際上有幾項餐廳認證獲得消費者的認同與追隨，但該餐廳認證標章是否應用在菜單設計上，視餐廳經營業者的理念與思維。以米其林餐廳認證為例，基本上獲得最高榮譽的三顆星米其林餐廳多不會將此星級榮耀置於菜單或是餐廳門口，反而會更低調地兢兢業業來維持餐廳該有的水準；反之，如果是「被推薦」餐廳，則會將相關標示置於明顯的位置來吸引路人的注意，如圖10-15。

圖10-14　位於巴黎的米其林三星餐廳Pierre Gagnaire，門外菜單置於不明顯之處，也沒有將米其林的星級標示置於菜單或是門口明顯位置

圖10-15　有些被收錄在米其林指南的推薦餐廳，會選擇貼在門旁供辨識

　　另外，如**圖10-16**則為澳洲的餐廳評鑑系統中的「一頂帽子」餐廳（最高榮譽為三頂帽子），該餐廳選擇在菜單的角落印上餐廳評鑑等級之標示，同樣是供經過的路人辨識餐廳的基本水準。

圖10-16 此為澳洲Season餐廳將餐廳菜單置於餐廳外之牆面，菜單也同時將榮獲一頂帽子的殊榮印在菜單上，供經過的消費者知悉

參考資料

網路資料

Restaurant Engine (2014), Trends in Restaurant Menu Design and Marketing, https://
restaurantengine.com/trends-restaurant-menu-design/，2020.1.30瀏覽。

洪瑞琴，〈（台南）英語友善標章認證41店家過關〉，《自由時報》，
2016.9.25，https://news.ltn.com.tw/news/local/paper/1035659，2020.2.1瀏覽。

黃靜華（2011），〈加拿大推動餐廳菜單標示營養成分〉，《康健雜誌》，
2011.9.1，https://www.commonhealth.com.tw/article/article.action?nid=65122，
2020.1.30瀏覽。

陳玫伶（2011），〈顧健康，美供餐須標註營養成分〉，董氏基金會，https://
nutri.jtf.org.tw/index.php?idd=1&aid=41&cid=1850，2020.1.30瀏覽。

Crockett RA et al.，林筱青譯（2018），〈營養標示可促進購買或攝取更健康的
食物或飲料〉，https://www.cochrane.org/zh-hant/CD009315/PUBHLTH_ying-
yang-biao-shi-ke-cu-jin-gou-mai-huo-she-qu-geng-jian-kang-de-shi-wu-huo-yin-
liao，2020.1.30瀏覽。

營養二次方，〈餐廳在菜單上標示熱量，可望幫助消費者吃得更健康〉，https://
nommagazine.com/，2020.2.1瀏覽。

https://www.jennycraig.com.au/dietitians/，2020.2.7瀏覽。

Healthy Meal Delivery Services, https://www.canstarblue.com.au/stores-services/healthy-
meal-delivery-services/，2020.2.7瀏覽。

蔡淑芬（2014），〈素食營養經 林心笛獻策〉，《工商時報》，2014/06/03，
https://www.chinatimes.com/newspapers/20140603000277-260210?fbclid=IwAR1
WP3CbWPDXxqSnHd1m6EYWyTzpQIjy43hXgZyDx9SaVyVRhuGoHVD4668&
chdtv，2020.2.7瀏覽。

Lindsay Hogan (2018), Food demand in Australia: Trends and issues 2018, https://
www.agriculture.gov.au/abares/research-topics/food-demand/trends-and-issues-
2018#download-the-full-report，2020.2. 10瀏覽。

〈美食之都台南推雙語菜單認證〉，中廣新聞網，2018年5月18日，https://tw.news.

yahoo.com/%E7%BE%8E%E9%A3%9F%E4%B9%8B%E9%83%BD%E5%8F%B
0%E5%8D%97%E6%8E%A8%E9%9B%99%E8%AA%9E%E8%8F%9C%E5%96
%AE%E8%AA%8D%E8%AD%89-000204194.html，2020.2.18瀏覽。

慢活森林，https://www.facebook.com/%E6%85%A2%E6%B4%BB%E6%A3%AE%E
6%9E%97-Tempo-Giusto-645479392234338/，2020.2.18瀏覽。

陳君明（2018），〈台東食材友善認證 13間餐廳獲得標章〉，客家電視台，
https://tw.news.yahoo.com/%E5%8F%B0%E6%9D%B1%E9%A3%9F%E6%9D
%90%E5%8F%8B%E5%96%84%E8%AA%8D%E8%AD%89-13%E9%96%93%
E9%A4%90%E5%BB%B3%E7%8D%B2%E5%BE%97%E6%A8%99%E7%AB
%A0-160000371.html，2020.2.18瀏覽。

黃明堂（2019），〈台東食材友善餐廳21家獲選〉，《自由時報》，https://news.
ltn.com.tw/news/life/paper/1336224，2020.2.18瀏覽。

〈台東好食光—食材友善餐廳〉，https://efarmer.taitung.gov.tw/ttfr/certification-
mark，2020.2.18瀏覽。

張瑋琦，〈南方，飲食革命—高雄綠色友善餐廳串連〉，上下游news & market，
2013 年11月4日，https://www.newsmarket.com.tw/blog/41586/，2020.2.18瀏
覽。

〈造福外食族 高雄市首推綠色友善餐廳〉，看雜誌，https://www.watchinese.com/
article/2014/11026，2020.2.18瀏覽。

台南市民英語資源網，https://englishresource.tainan.gov.tw/index.
php?inter=menu&kind=5，2020.2.18瀏覽。

餐飲旅館系列

菜單規劃與設計——訂價策略與說菜技巧

編 著 者／張玉欣、楊惠曼
出 版 者／揚智文化事業股份有限公司
發 行 人／葉忠賢
總 編 輯／閻富萍
地　　址／新北市深坑區北深路三段 258 號 8 樓
電　　話／(02)8662-6826
傳　　真／(02)2664-7633
網　　址／http://www.ycrc.com.tw
 E-mail ／service@ycrc.com.tw
 I S B N ／978-986-298-359-1
初版一刷／2021 年 1 月
定　　價／新台幣 350 元

國家圖書館出版品預行編目（CIP）資料

菜單規劃與設計：訂價策略與說菜技巧 =
Menu planning and design: pricing strategies
and story-narration of dishes/張玉欣, 楊惠
曼著. -- 初版. -- 新北市：揚智文化事業股
份有限公司, 2021.01
　　面；　公分. --（餐飲旅館系列）

ISBN 978-986-298-359-1（平裝）

1.菜單　2.設計　3.餐飲業管理

483.8　　　　　　　　　　　　　109019846